人工智能技术专业"十三五"规划教材
产 教 融 合 系 列 教 程
应 用 型 人 才 终 身 学 习 计 划

COMAU　EduBot 哈工海渡教育集团　JJZ技皆知

人工智能与机器人技术应用初级教程（e.Do教育机器人）

总主编　张明文
主　编　王璐欢　开　伟
副主编　黄建华　何定阳　黄丽娟

"六六六"教学法
六个典型项目
六个鲜明主题
六个关键步骤

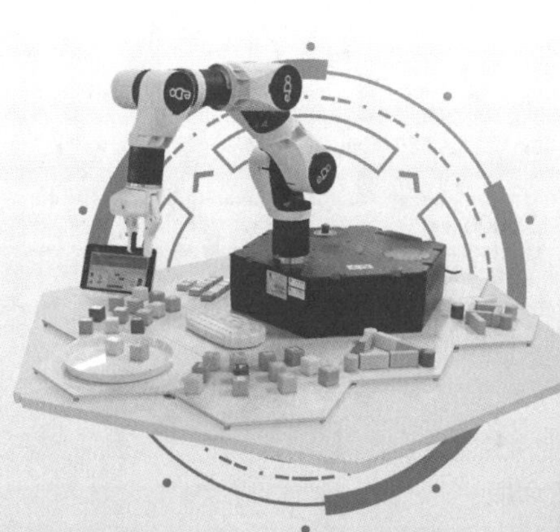

www.jijiezhi.com
教学视频+电子课件+技术交流

哈爾濱工業大學出版社
HARBIN INSTITUTE OF TECHNOLOGY PRESS

内容简介

本书基于 e.Do 教育机器人，从机器人应用过程中需要掌握的技能出发，由浅入深，循序渐进地介绍了人工智能与机器人技术应用的初级知识；从机器人的概念和分类切入，配合丰富的实物图片，系统地介绍了智能机器人拆装、连接与初始化、软件认知、操作、编程基础、图形化编程，以及扩展插件应用等内容；基于具体实例，讲解了 e.Do 教育机器人的操作、编程及插件使用。通过学习本书，读者可对 e.Do 教育机器人的使用、操作有一个全新的认识。

本书图文并茂、通俗易懂，具有很强的实用性和可操作性，既可作为高等院校和中高职院校智能机器人相关专业教材，又可作为智能机器人培训机构用书，同时可供相关行业的技术人员参考。

图书在版编目（CIP）数据

人工智能与机器人技术应用初级教程：e.Do 教育机器人 / 王璐欢，开伟主编. —哈尔滨：哈尔滨工业大学出版社，2020.7

产教融合系列教程 / 张明文总主编

ISBN 978-7-5603-8862-5

Ⅰ. ①人… Ⅱ. ①王… ②开… Ⅲ. ①智能机器人—教材 Ⅳ. ①TP242.6

中国版本图书馆 CIP 数据核字（2020）第 099280 号

策划编辑　王桂芝　张　荣
责任编辑　张　荣　陈雪巍
出版发行　哈尔滨工业大学出版社
社　　址　哈尔滨市南岗区复华四道街 10 号　邮编 150006
传　　真　0451-86414749
网　　址　http://hitpress.hit.edu.cn
印　　刷　哈尔滨市石桥印务有限公司
开　　本　787mm×1092mm　1/16　印张 10.5　字数 245 千字
版　　次　2020 年 7 月第 1 版　2020 年 7 月第 1 次印刷
书　　号　ISBN 978-7-5603-8862-5
定　　价　36.00 元

（如因印装质量问题影响阅读，我社负责调换）

编审委员会

前　言

近年来，中国教育质量不断提升，传统的填鸭式教育模式正被学生与老师摒弃，包含创新、合作共享等重要科学素养的教育形式正逐渐被广大学校和家长重视。在这种变革下，结合了人工智能科技的智能教育机器人应运而生。教育机器人是面向教育领域专门研发的以培养学生分析能力、创造能力和实践能力为目标的机器人，教育机器人属于机器人中的服务机器人类别。随着人工智能技术的发展，教育机器人的智能化程度不断提高，在教育领域出现了集成先进人工智能技术、具有友好的人机交互功能的智能教育机器人。

2017 年，国务院印发《新一代人工智能发展规划》（以下简称《规划》），提出了面向 2030 年我国新一代人工智能发展的指导思想、战略目标、重点任务和保障措施。《规划》指出，要在中小学阶段设置人工智能相关课程，逐步推广编程教育，鼓励社会力量参与寓教于乐的编程教学软件、游戏的开发和推广。智能教育机器人作为人工智能教育的绝佳载体，有着巨大的应用潜力，尤其对于目前的 K12 教育（从幼儿园到 12 年级的教育），智能教育机器人已被应用于培养学生的动手能力、人工智能应用能力和创新思维能力。

同年 9 月，教育部发布《中小学综合实践活动课程指导纲要》，将“开源机器人初体验”列为 7～9 年级学生的综合实践活动主题之一。2018 年 1 月，教育部在高中课程中增设机器人科目，机器人教育在中小学阶段全面展开，这意味着机器人已经正式形成系统学科并在校园普及。展望未来，智能教育机器人的应用将激发广大学生学习人工智能技术的兴趣和动力，并大幅度地提高学生的信息技术能力和在数字时代的竞争能力，智能教育机器人未来的应用前景将更加广阔。

本书遵循“由简入繁，软硬结合，循序渐进”的编写原则，依据初学者的学习需要科学设置知识点，结合 e.Do 智能教育机器人实例讲解，体现实用性教学，旨在激发学习兴趣，提高教学效率，便于初学者在短时间内全面、系统地了解智能教育机器人操作的常识。

本书图文并茂、通俗易懂、实用性强，既可以作为普通高校及中高职院校智能机器人等相关专业的教学和实训教材，以及智能机器人培训机构培训教材，也可以作为 e.Do 智能教育机器人入门培训的初级教程，供从事相关行业的技术人员参考。

机器人技术专业具有知识面广、实操性强等显著特点。为了提高教学效果，在教学方法上，建议采用启发式教学、开放性学习，重视实操演练、小组讨论；在学习过程中，建议结合本书配套的教学辅助资源，如教学课件及视频素材、教学参考与拓展资料等。以上资源可通过书末所附“教学资源获取单”咨询获取。

限于编者水平，书中难免存在疏漏及不足之处，敬请读者批评指正。任何意见和建议可反馈至 E-mail:edubot_zhang@126.com。

编　者

2020 年 3 月

目　　录

第 1 章　智能机器人概述……1
1.1　机器人的概念和分类……1
1.1.1　机器人简介……1
1.1.2　机器人分类……1
1.2　人工智能概述……3
1.2.1　人工智能简介……3
1.2.2　人工智能基本架构……4
1.2.3　人工智能技术方向……6
1.3　智能机器人简介……9
1.3.1　智能机器人简介……9
1.3.2　智能机器人基本要素……10
1.3.3　智能机器人关键技术……10
1.3.4　智能机器人行业应用……11
1.3.5　智能机器人发展趋势……13
1.4　智能教育机器人……14
1.4.1　智能教育机器人的概念……14
1.4.2　智能教育机器人的特点……15
1.4.3　智能教育机器人应用现状……16
1.4.4　智能教育机器人发展趋势……19
思考题……19

第 2 章　智能机器人认知……20
2.1　e.Do 机器人概述……20
2.1.1　e.Do 机器人简介……20
2.1.2　e.Do 机器人应用……20
2.2　智能机器人组成……21
2.2.1　本体……22
2.2.2　操作端……22

2.2.3 控制器……23
2.3 坐标系……23
2.4 主要技术参数……24
思考题……28

第 3 章 智能机器人拆装……29
3.1 e.Do 机器人硬件组成……29
3.2 e.Do 机器人拆卸……31
3.2.1 拆机前准备……31
3.2.2 夹爪拆卸……31
3.2.3 机器人拆卸……32
3.3 e.Do 机器人安装……36
3.3.1 安装前准备……36
3.3.2 机器人安装……36
3.3.3 夹爪安装……44
思考题……47

第 4 章 智能机器人连接与初始化……48
4.1 软件下载安装……48
4.2 机器人连接……48
4.2.1 智能机器人连接方式……48
4.2.2 无线连接……49
4.2.3 有线连接……49
4.3 初始化……51
4.3.1 初始化配置……51
4.3.2 零点校准……55
4.3.3 断开连接……59
思考题……61

第 5 章 智能机器人软件认知……62
5.1 软件界面……62
5.1.1 软件主页……62
5.1.2 软件主菜单……63
5.2 校准……65

5.2.1　界面介绍……65
5.2.2　校准步骤……66
5.3　设定……69
5.3.1　Network settings……69
5.3.2　控制开关……71
5.3.3　Brakes check……72
5.3.4　System update……74
5.3.5　语言……77
5.4　智能机器人版本信息……78
思考题……79

第 6 章　智能机器人操作……80

6.1　智能机器人动作模式……80
6.2　智能机器人操作方式……80
6.2.1　点动式关节运动……81
6.2.2　点动式线性运动……83
6.2.3　赋值输入方式……84
6.3　操作实例：物料抓取……85
思考题……89

第 7 章　智能机器人编程基础……90

7.1　智能机器人程序组成……90
7.2　程序编辑……91
7.2.1　程序创建……91
7.2.2　指令编辑……93
7.3　程序执行……95
7.4　程序备份与恢复……97
7.5　编程实例：乐曲演奏……100
思考题……108

第 8 章　智能机器人图形化编程……109

8.1　常用图形化指令……109
8.1.1　移动指令……109
8.1.2　夹爪指令……110

8.1.3 逻辑指令 ……110
8.1.4 循环指令 ……111
8.1.5 函数指令 ……112
8.2 程序编辑 ……112
8.2.1 程序创建 ……112
8.2.2 程序修改 ……114
8.3 程序执行 ……117
8.4 程序备份与恢复 ……119
8.5 编程实例：物料搬运 ……123
思考题 ……135

第 9 章 扩展插件应用 ……136

9.1 插件介绍 ……136
9.2 货物插件 ……137
9.3 选择插件 ……142
9.4 物流插件 ……146
思考题 ……152

参考文献 ……153

第 1 章　智能机器人概述

1.1　机器人的概念和分类

※ 机器人的概念和分类

1.1.1　机器人简介

机器人（Robot）是自动执行工作的机器装置。它既可以接受人类指挥，又可以运行预先编排的程序，也可以根据以人工智能技术制定的原则纲领行动。它的任务是协助或取代人类的工作，例如制造业、建筑业，或是危险的工作。

机器人三原则

人类制造机器人主要是为了让它们代替人们做一些有危险、难以胜任或不宜长期进行的工作。

为了发展机器人，避免人类受到伤害，美国科幻作家阿西莫夫在 1940 年发表的小说《我是机器人》中首次提出了“**机器人三原则**”：

（1）第一原则。机器人必须不能伤害人类，也不允许见到人类将要受伤害而袖手旁观。

（2）第二原则。机器人必须完全服从于人类的命令，但不能违反第一原则。

（3）第三原则。机器人应保护自身的安全，但不能违反第一和第二原则。

在后来的小说中，阿西莫夫补充了第零原则。

（4）第零原则。机器人不得伤害人类的整体利益，或通过不采取行动，让人类利益受到伤害。

这 4 条原则被广泛作为现实和科幻中的机器人准则。

1.1.2　机器人分类

根据机器人的应用环境，国际机器人联盟（IFR）将机器人分为**工业机器人**和**服务机器人**。其中，工业机器人是在工业生产中使用的机器人的总称，主要用于完成工业生产中的某些作业。服务机器人则是除工业机器人之外的、用于非制造业并服务于人类的各种先进机器人，主要包括公共服务机器人、个人/家用服务机器人和特种机器人。机器人分类和主要应用领域如图 1.1 所示。

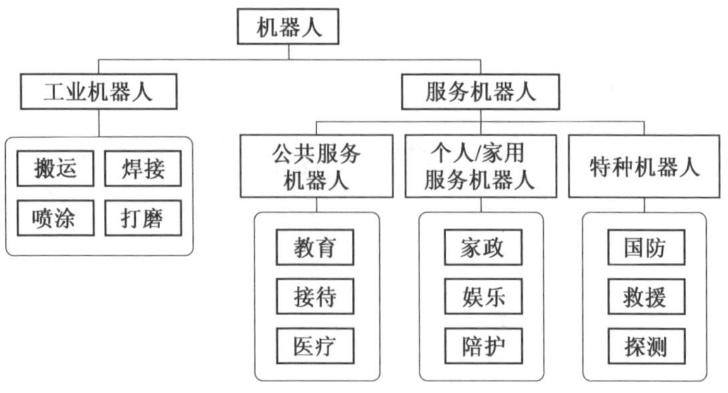

图 1.1　机器人分类和主要应用领域

1. 工业机器人

工业机器人是在工业生产中使用的机器人的总称，主要用于完成工业生产中的某些作业。

工业机器人的种类较多，常用的有：搬运机器人、焊接机器人、喷涂机器人、打磨机器人等。

2. 服务机器人

服务机器人则是除工业机器人之外的、用于非制造业并服务于人类的各种机器人的总称。服务机器人可进一步分为 3 类：公共服务机器人、个人/家用服务机器人、特种机器人。

（1）公共服务机器人。公共服务机器人是指面向公众或商业任务的服务机器人，包括迎宾机器人、餐厅服务机器人、银行服务机器人、教育服务机器人、医疗服务机器人等。教育机器人如图 1.2（a）所示。

（2）个人/家用服务机器人。个人/家用服务机器人是指在家庭以及类似环境中由非专业人士使用的服务机器人，包括家政、娱乐、老人陪护、个人运输、安防监控等类型的机器人。地面清扫机器人如图 1.2（b）所示。

（a）教育机器人（e.Do）

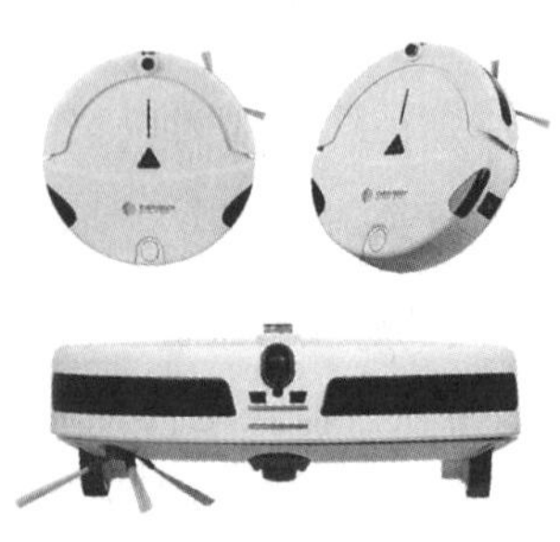

（b）地面清扫机器人

图 1.2　个人/家用服务机器人示例

（3）特种机器人。特种机器人是指由具有专业知识人士操纵的，面向国家、特种任务的服务机器人，包括国防/军事机器人、航空航天机器人、搜救救援机器人、医用机器人、水下作业机器人、空间探测机器人、农场作业机器人、排爆机器人、管道检测机器人和消防机器人等。特种机器人如图 1.3 所示。

（a）“玉兔”号月球探测机器人

（b）潜龙二号水下机器人

图 1.3　特种机器人示例

1.2　人工智能概述

※ 人工智能概述

1.2.1　人工智能简介

1956 年，马文•明斯基等科学家在美国达特茅斯学院开会研讨“如何用机器模拟人的智能”，首次提出“人工智能”这一概念。在这次会议之后，人工智能第一次掀起浪潮，但受限于当时的软硬件条件，那时的人工智能研究只能局限于一些特定领域的具体问题，比如西洋跳棋、积木机器人等。

进入 21 世纪，随着深度学习的提出，人工智能又一次掀起浪潮。小到手机里的语音助手，大到城市里的智慧安防，层出不穷的应用出现在新闻以及人们的生活中。其中最称得上里程碑事件的是，2016 年由谷歌 DeepMind 团队开发的“阿尔法围棋”（AlphaGo），在与围棋世界冠军、职业九段棋手李世石进行的围棋人机大战中，以 4 比 1 的总比分获胜。这次比赛使人们对于人工智能的关注度高涨。

人工智能的发展已经经历了 3 次大的浪潮，如图 1.4 所示。

虽然人工智能技术在近几年取得了高速的发展，但要给人工智能下个准确的定义并不容易。一般认为，**人工智能是研究、开发用于模拟、延伸和扩展人的智能的理论、方法、技术及应用系统的一门新的技术科学**。人们希望通过对人工智能的研究，能将它用于模拟和扩展人的智能，辅助甚至代替人们实现多种功能，包括识别、认知、分析、决策等。

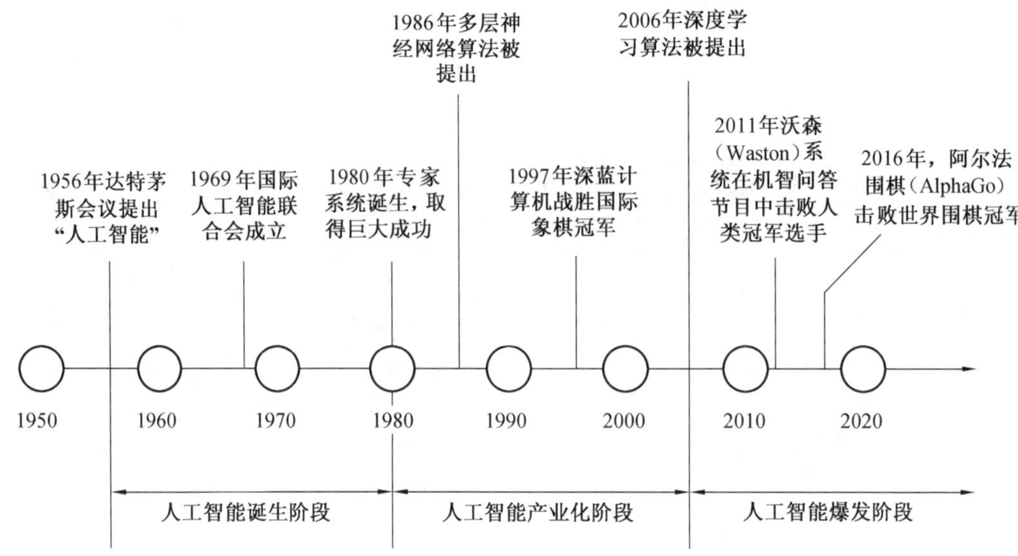

图 1.4　人工智能的发展历程

1.2.2　人工智能基本架构

人工智能的架构可分为 4 个层次：基础设施层、算法层、技术层和应用层，如图 1.5 所示。

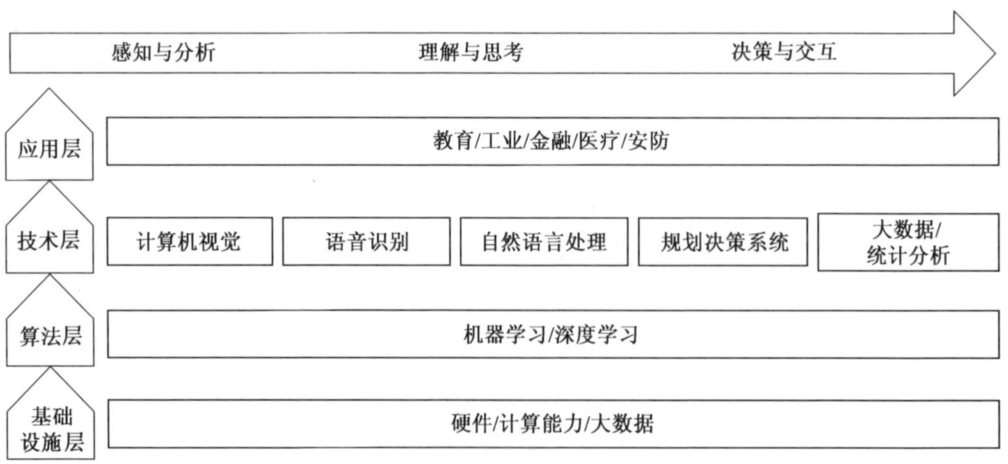

图 1.5　人工智能的层次结构

1. 基础设施层

基础设施层包括硬件/计算能力和大数据。21 世纪以来，互联网大规模服务集群的出现、搜索和电商业务带来的大数据积累、GPU（图形处理器）和异构/低功耗芯片兴起带来的运算力提升，促成了深度学习的诞生，极大地推动了人工智能的再次兴起。

2. 算法层

算法层包括各类机器学习算法、深度学习算法等。机器学习是指利用算法使计算机能够从数据中挖掘出信息。在计算机系统中，“经验”通常以“数据”形式存在，因此，机器学习所研究的主要内容，是关于在计算机上从经验数据中产生“模型”的算法。有了模型，在面对新的情况时，模型会给我们提供相应的判断。

如果说计算机科学是研究关于“算法”的学问，那么类似地，可以说机器学习是研究关于“学习算法”的学问。机器学习和人类思考的过程对比如图 1.6 所示。

深度学习作为机器学习的一个子集，相比其他学习方法，使用了更多的参数，模型也更复杂，从而使得模型对数据的理解更加深入，也更加智能。

图 1.6　机器学习与人类思考

3. 技术层

技术层包括多个技术方向，包括赋予计算机感知/分析能力的计算机视觉技术和语音技术、提供理解/思考能力的自然语言处理技术、提供决策/交互能力的规划决策系统和大数据/统计分析技术。

4. 应用层

应用层位于人工智能架构的最顶层，包括人工智能的各种行业应用。目前，人工智能技术已极大地改变各行各业的面貌。比如，在农业、工业等领域，借助新技术，原本专业化的知识可以为普通人所掌握，指导他们生产实践；对于医疗、航天等专业性极强的领域，AI 技术起到辅助作用，提高效率和准确性。网约车、精准推送、老年人护理等，更是人工智能技术在促进新经济发展方面的案例，人工智能的主要应用领域如图 1.7 所示。

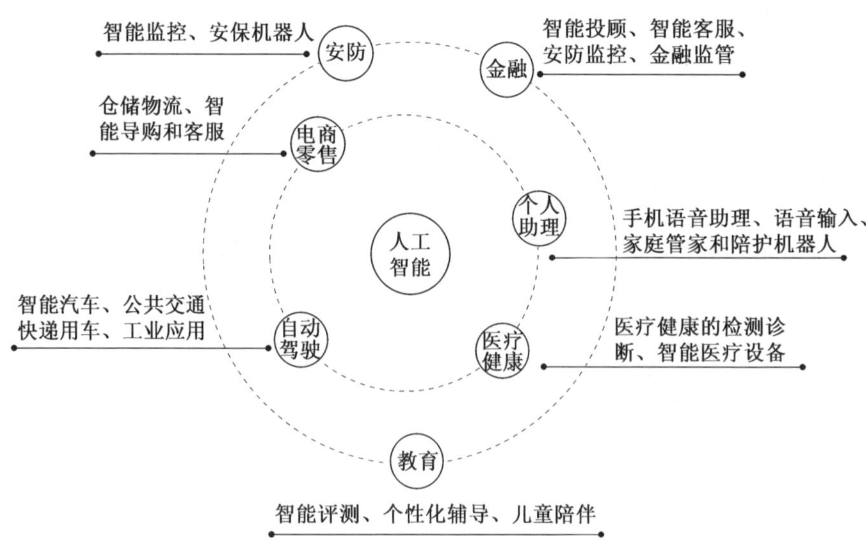

图 1.7　人工智能的主要应用领域

1.2.3　人工智能技术方向

1. 计算机视觉

计算机视觉是使用计算机模仿人类视觉系统的科学，让计算机拥有类似人类提取、处理、理解和分析图像以及图像序列的能力。自动驾驶、机器人、智能医疗等领域均需要通过计算机视觉技术从视觉信号中提取并处理信息。

计算机视觉识别检测过程包括图像预处理、图像分割、特征提取和判断匹配。计算机视觉可以用来处理图像分类问题（如识别图片的内容是不是猫）、定位问题（如识别图片中的猫在哪里）、检测问题（如识别图片中有哪些动物、分别在哪里）、分割问题（如图片中的哪些像素区域是猫）等，如图 1.8 所示。

图 1.8　计算机视觉识别检测过程

2. 语音识别

语音识别的目标是将人类语音中的词汇内容转换为计算机可识别的数据。语音识别技术并非一定要把说出的语音转换为字典词汇，在某些场合只要转换为一种计算机可以识别的形式就可以了，典型的情况是使用语音开启某种行为，如组织某种文件、发出某种命令或开始对某种活动录音。

不同的语音识别系统，虽然具体实现细节有所不同，但所采用的基本技术相似。一般来说，主要包括训练和识别两个阶段。

（1）在训练阶段，如图 1.9 所示，根据识别系统的类型选择一种能够满足要求的识别方法，采用语音分析方法分析出这种识别方法所要求的语音特征参数，把这些参数作为参考模型存储起来，形成参考模型库。

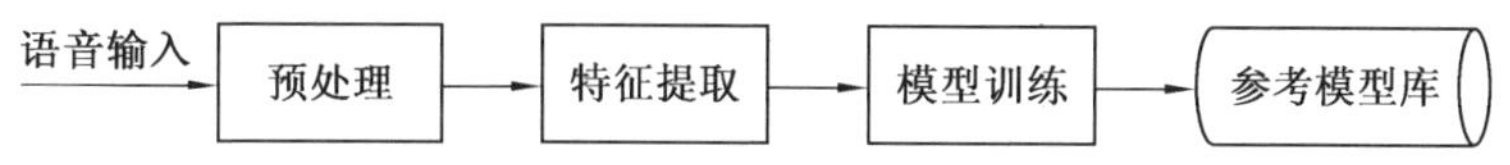

图 1.9　语音识别的训练流程

（2）在识别阶段，如图 1.10 所示，将输入语音的特征参数和参考模型库中的模式进行相似比较，将相似度高的模式所属的类别作为中间候选结果输出。

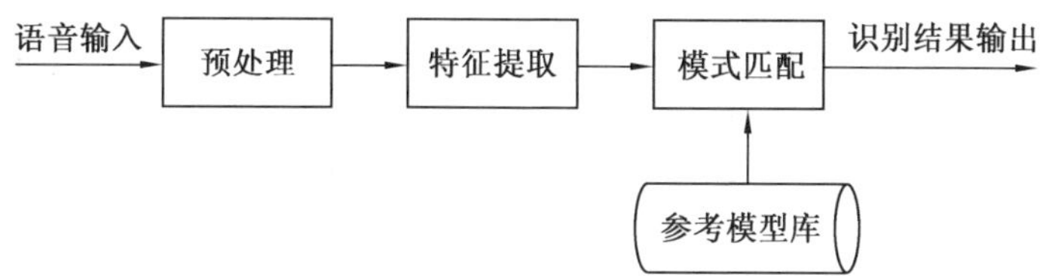

图 1.10　语音识别的识别流程

语音识别技术的突破始于深度学习技术的出现。随着深度神经网络（Deep Neural Network，DNN）被应用到语音的声学建模中，人们陆续在音素识别任务和大词汇量连续语音识别任务上取得突破。随着系统的持续改进，识别效果得到了进一步的提升，在许多语音识别任务上达到了可以在人们日常生活中使用的标准。智能手机上的语音助手，家庭使用的智能音箱都属于语音识别技术的产品应用。

3. 自然语言处理

自然语言处理（Natural Language Processing，NLP）是计算机科学领域与人工智能领域中的一个重要方向，是计算机理解和从人类语言中获取意义的一种方式。

语言是沟通交流的基础。人类的逻辑思维以语言为形式，人类的绝大部分知识也是以语言文字的形式记载和流传下来的。

用自然语言与计算机进行通信，这是人们长期以来所追求的。因为它具有明显的实际意义：人们可以用自己最习惯的语言来使用计算机，而无需再花大量的时间和精力去学习不很自然和习惯的各种计算机语言。

自然语言处理领域分为以下 3 个部分。

➢ 语音识别：将口语翻译成文本。

➢ 自然语言理解：指计算机能理解自然语言文本的意义。
➢ 自然语言生成：指计算机能以自然语言文本来表达给定的意图、思想等。

自然语言处理技术可以应用在人工智能对话管理应用中，目前对话管理主要包含 3 种情形，按照涉及知识的通用到专业，依次是闲聊、问答、任务驱动型对话。

4. 规划决策系统

规划决策系统是利用人工智能的原理和技术所建立的辅助决策的计算机软件系统。许多控制决策类的问题都是强化学习的问题，比如让机器通过各种参数调整来控制无人机实现稳定飞行，以及各种棋类游戏如象棋、围棋等，如图 1.11 所示。

（a）无人机示例

（b）围棋示例

图 1.11　强化学习的应用

强化学习问题是指给定数据，选择动作以达到最大化长期奖励。他的输入是历史的状态、动作和对应奖励，要求输出的是当前状态下的最佳动作。

强化学习是一个动态的学习过程，而且没有明确的学习目标，对结果也没有精确的衡量标准。强化学习作为一个序列决策问题，就是计算机先尝试做出一些行为，然后得到一个结果，通过判断这个结果是对还是错，来对之前的行为进行反馈。

5. 大数据/统计分析

大数据是指那些超过传统数据库系统处理能力的数据。它的数据规模和传输速度要求很高，或者其结构不适合原来的数据库系统。为了获取大数据中的价值，我们必须选择新的方式来处理它。

大数据的价值体现在两个方面：分析使用和二次开发。对大数据进行分析能揭示隐藏于其中的信息。例如零售业中对门店销售、地理和社会信息的分析能提升对客户的理解。大数据技术是数据分析的前沿技术，简单来说，从各种类型的数据中，快速获得有价值信息的能力，就是大数据技术。

在本轮人工智能的发展浪潮中，数据的爆发增长功不可没。海量的训练数据是人工智能发展的重要燃料，数据的规模和丰富度对算法训练尤为重要。2000 年以来，得益于互联网、社交媒体、移动设备和传感器的普及，全球产生及存储的数据量剧增。根据国际数据中心（International Digital Centre，IDC）的报告显示，2025 年全球数据总量预计将超过 160 ZB（相当于 16 万亿 GB），如图 1.12 所示。有了规模更大、类型更丰富的数据，人工智能模型的效果也能得到提升。

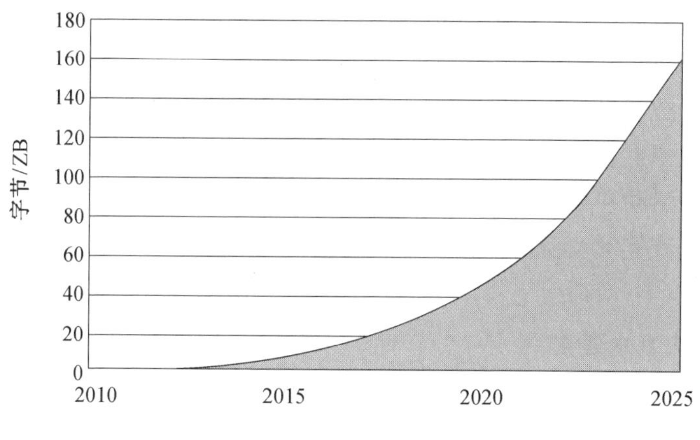

图 1.12　2010～2025 年全球总体数据量

1.3　智能机器人简介

※ 智能机器人简介

随着电子、半导体、计算机及互联网等信息技术的飞速发展，机器人的应用越来越广泛，已经被应用于工业、农业、医疗、教育、娱乐、服务等众多领域。目前，在机器人技术与人工智能科学相结合后，机器人演变为可感知外界信息变化、具有独立思维和自主行动功能的高度智能化机器，和传统的机器人相比，表现更为自主化、人性化，能协助人类完成更复杂的任务。

1.3.1　智能机器人简介

到目前为止，在世界范围内还没有统一的智能机器人定义。1956 年，马文·明斯基对智能机器进行定义："智能机器能够创建周围环境的抽象模型，一旦遇到问题，便能够从抽象模型中寻找解决方法"。该定义对此后 30 年智能机器人的研究方向产生了重要影响。

在研究和开发作业于未知及不确定环境下的机器人的过程中，人们逐步认识到机器人技术的本质是感知、决策、行动和交互技术的结合，因此将具有感知、思考、决策和动作的技术系统统称为智能机器人。

智能机器人属于人工智能时代的产物，它具有感觉、识别、推理及判断能力。首先，智能机器人能够通过各种传感器实时识别与测量周围的物体，此为感觉和识别能力；同时，它也可以根据环境的变化来调节自身的参数及动作策略，也就是对识别到的信息进行分析、推理和判断决策。

智能机器人的特点体现在以下几方面。

（1）自主性。智能机器人可在特定的环境中，不依赖任何外部控制，无需人为干预，完全自主地执行特定的任务。

（2）适应性。智能机器人实时识别和测量周围的物体，并根据环境的变化调节自身的参数，调整动作策略，处理紧急情况。

（3）交互性。智能机器人可以与人、外部环境及与其他机器人进行信息交流。

（4）学习性。智能机器人在自主感知环境变化的基础上，可形成和进化出新的活动规则，自主独立地活动和处理问题。

（5）协同性。在实时交互的基础上，智能机器人可根据任务和需求实现机器人相互协作和人机协同。

1.3.2 智能机器人基本要素

多数专家认为智能机器人需具备以下 3 个要素：感知要素、决策要素和行动要素。

1. 感知要素

感知要素用来认识周围环境状态，包括能感知视觉、接近、距离的非接触型传感器和能感知力、压觉、触觉的接触型传感器，可通过摄像机、图像传感器、超声波传感器、激光器、导电橡胶、压电元件、气动元件、行程开关等机电元器件来实现。

2. 决策要素

决策要素根据感知要素所得信息或自身需要，思考确定采用什么样的动作。决策要素是 3 个要素中的关键，是机器人必备的要素。决策要素包括判断、逻辑分析、理解等方面的智力活动。这些智力活动实质上是一个信息处理过程，而计算机则是完成这个处理过程的主要手段。

3. 行动要素

行动要素是指机器人能够对外界做出反应性或自主性动作。智能机器人通过感知辅助产生决策，并将决策付诸行动，在复杂的环境下自主完成任务，形成各种智能行为。

1.3.3 智能机器人关键技术

智能机器人涉及许多关键技术，这些技术关系到智能机器人的智能性的高低。这些关键技术主要有以下几个方面：多传感信息融合技术、导航和定位技术、机器人视觉技术、智能控制技术，以及人机接口技术。

1. 多传感信息融合技术

多传感器信息融合就是指综合来自多个传感器的感知数据，以产生更可靠、更准确或更全面的信息，经过融合的多传感器系统能够更加完善、精确地反映检测对象的特性，消除信息的不确定性，提高信息的可靠性。

2. 导航和定位技术

在自主移动机器人导航中，无论是局部实时避障还是全局规划，都需要精确知道机器人或障碍物的当前状态及位置，以完成导航、避障及路径规划等任务。最优路径规划就是依据某个或某些优化准则，在机器人工作空间中找到一条从起始状态到目标状态、可以避开障碍物的最优路径，如图 1.13 所示。

3. 机器人视觉技术

机器人视觉系统的工作包括图像的获取、图像的处理和分析、输出和显示，核心任务是特征提取、图像分割和图像辨识。按照功能的不同，机器人的视觉功能可以分成 4 类：引导、检测、测量和识别，如图 1.14 所示。

图 1.13　导航导引技术示例

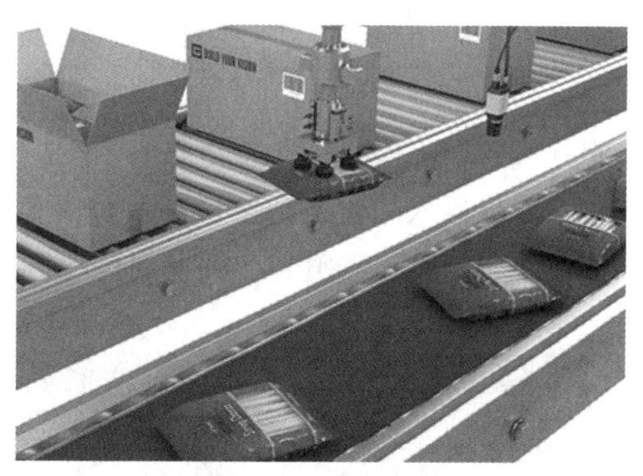

图 1.14　视觉外包装引导定位应用

4. 智能控制技术

智能控制方法提高了机器人的速度及精度。一系列机器学习计算方法的研发，促进了人工智能的进步。将强化学习等机器学习方法引入到智能机器人系统之中提升了智能机器人的学习能力，以及与日趋繁杂、未知及非结构式的环境相匹配的能力。

5. 人机接口技术

智能机器人在工作中有时需要与人协作，并向人反馈实时的任务执行情况。智能人机接口系统是指能使人方便自然地与计算机交流的人机交互系统。在智能接口硬件的支持下，智能人机接口系统大致包含以下功能：采用自然语言进行人机直接对话，允许通过文字、语音、图像、手势识别等形式进行人机交往，保证人与机器之间信息交流的协调性。

1.3.4　智能机器人行业应用

1. 智能工业机器人

随着工业 4.0 时代的到来，工业机器人与人工智能相结合，智能机器人在工业领域的应用越来越普及。当面对工业中杂乱无序的环境时，机器人不能依靠设定好的程序正常工作，此时，智能机器人能对周边的环境进行分析，并根据当时环境做出较好的决策，从而更好地适应复杂的工厂环境。

AGV 物流小车是智能机器人在智能工业中的典型代表，如图 1.15 所示。AGV 物流小车是指能够根据工厂的实际情况生成通往目的地的最佳路径，并沿着最佳路径行驶的智能搬运车。AGV 物流小车适用于运输频繁、物料供应周期长的体系中，广泛应用于物流分配车间物品的搬运。

2. 智能农业机器人

随着机器人技术的进步，以定型物、无机物为作业对象的工业机器人正在向更高层次的以动、植物之类复杂作业对象为目标的农业机器人发展，农业机器人或机器人化的农业机械的应用范围正在逐步扩大。农业机器人的应用不仅能够代替人们的生产劳动，解决劳动力不足的问题，而且可以提高劳动生产率，改善农业的生产环境，防止农药、化肥等对人体的伤害，提高作业质量。

农业机器人的研究开发目前主要集中在耕种、施肥、喷药、蔬菜嫁接、苗木株苗移栽、收获、灌溉、养殖和各种辅助操作等方面，如图 1.16 所示。

图 1.15　智能工业机器人示例

图 1.16　农业播种智能机器人示例

3. 智能服务机器人

机器人技术不仅在工农业生产、科学探索中得到了广泛应用，也逐渐渗透到人们的日常生活领域，服务机器人就是这类机器人的一个总称。尽管服务机器人的起步较晚，但应用前景十分广泛，目前主要应用在清洁、护理、执勤、救援、娱乐和代替人对设备进行维护保养等场合，如图 1.17 所示。

（a）餐饮服务机器人

（b）陪护机器人

图 1.17　智能服务机器人示例

4. 智能教育机器人

智能教育机器人利用人工智能为每个学生创建良好学习体验，充当家庭老师的角色，实现智能教育、成长陪护、开发益智、作业辅导、离线授课等多种功能，如图 1.18 所示。

（a）积木式机器人

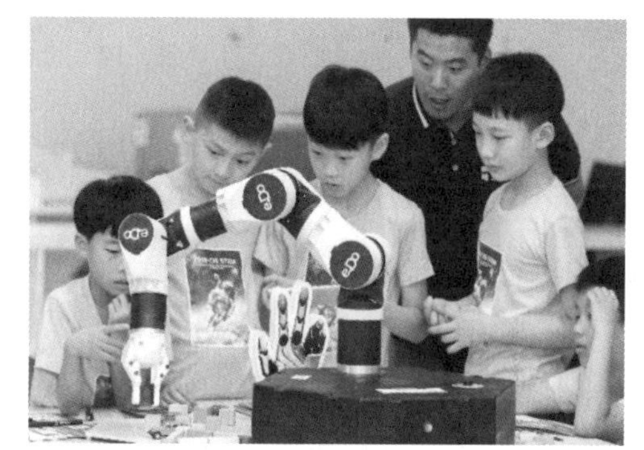
（b）e.Do 教育机器人

图 1.18　智能教育机器人示例

1.3.5　智能机器人发展趋势

在信息技术、智能控制及人工智能不断发展的背景下，越来越多的领域开始引入机器人的应用，机器人的功能属性得到不断的改善，在生产及人们日常生活中发挥着愈来愈有效的作用。

现阶段，机器人研究正处于智能机器人阶段，国内外针对智能机器人的研究已经取得了很多研究成果，然而智能机器人的智能水平仍旧存在很大的发展空间，智能机器人的发展趋势可概括为以下几个方面。

（1）控制系统智能化。控制系统是机器人的大脑，通过将先进的人工智能算法，如深度学习、强化学习算法引入到智能机器人系统之中，可以提高智能机器人适应环境变化的能力，加强智能机器人与工作环境之间的交互关系。

（2）多智能机器人协作生产。在人工智能技术、智能机器人技术等研究不断深入的背景下，怎么样调节多部智能机器人相互协助生产，以完成一部智能机器人难以实现的生产任务是智能机器人研究的重要课题。

（3）机器人网络化。机器人网络化是未来机器人技术发展的重要方向之一，利用互联网技术，对目标机器人实现联网，并通过网络对其进行有效控制，可实现多机器人协作，更快、更好地完成任务，如图 1.19 所示。

图 1.19　机器人网络化示意图

1.4　智能教育机器人

1.4.1　智能教育机器人的概念

近年来，中国教育质量不断提升，素质教育在中国的呼声越来越高，传统的填鸭式教育模式正被学生与老师摒弃，包含创新、合作共享等重要科学素养的教育形式正逐渐被广大学校和家长所重视。正是在这种变革下，结合了人工智能科技的智能教育机器人应运而生。

教育机器人是面向教育领域专门研发的以培养学生分析能力、创造能力和实践能力为目标的机器人，教育机器人属于机器人中的服务机器人类别。最早的教育机器人来自 20 世纪 60 年代麻省理工学院 Papert 教授创办的人工智能实验室。教育机器人研究是多学科、跨领域的研究，涵盖计算机科学、教育学、自动控制、机械、材料科学、心理学和光学等领域。随着人工智能技术的发展，教育机器人的智能化程度不断提高，在教育领域出现集成了先进人工智能技术，具有友好的人机交互功能的智能教育机器人。

2017 年，国务院印发《新一代人工智能发展规划》（以下简称《规划》），提出了面向 2030 年我国新一代人工智能发展的指导思想、战略目标、重点任务和保障措施。《规划》指出，要在中小学阶段设置人工智能相关课程，逐步推广编程教育，鼓励社会力量参与寓教于乐的编程教学软件、游戏的开发和推广。此外，还要支持开展人工智能竞赛，鼓励进行形式多样的人工智能科普创作。

智能教育机器人作为人工智能教育的绝佳载体，有着巨大的应用潜力，尤其针对目前的 K12 教育（从幼儿园到 12 年级的教育），智能教育机器人已被应用于培养学生的动手能力、人工智能应用能力和创新思维能力。

1.4.2　智能教育机器人的特点

智能教育机器人一般具备 3 个特点：教学适用性、开放性和可扩展性以及安全友好的人机交互。

1. 教学适用性

教学适用性是指智能教育机器人需要符合教学使用的相关需求。从目前国内外的发展状态来看，智能教育机器人主要的教学对象是大学和中小学的学生。中小学阶段的机器人教育主要是让学生了解智能机器人的应用价值，培养学习使用机器人的兴趣。大学阶段的机器人教育主要是培养学生利用机器人来解决问题的能力，以便其在以后的工作中能真正地把机器人应用到实际问题的解决中去。针对不同的教学使用需求，智能教育机器人应当具有良好的适用性。

2. 开放性和可扩展性

开放性和可扩展性主要是指智能教育机器人应当具备一定编程能力和可扩展性，能够让青少年进行一些人工智能教育和编程实践，如图 1.20 所示。同时，智能教育机器人应当配备一些教学模块，如图 1.21 所示，并根据需要方便地增、减功能模块，激发学生围绕智能教育机器人进行各类自主创新实践。

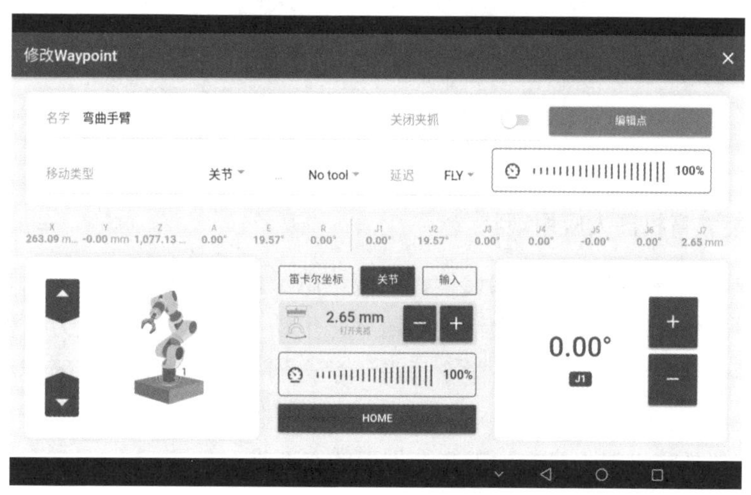

图 1.20　智能教育机器人编程界面示例

（a）物料搬运模块

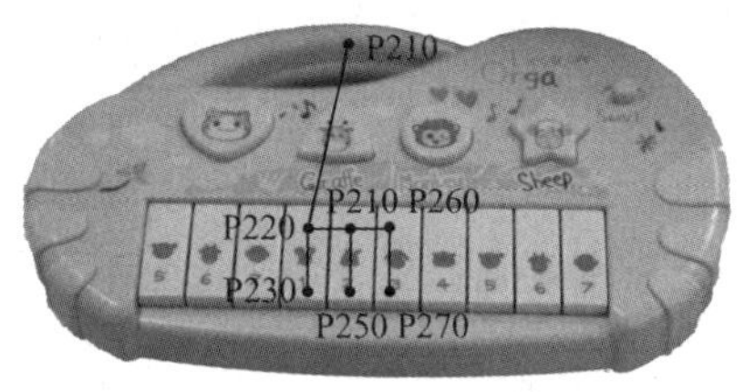

（b）电子琴模块

图 1.21　智能教育机器人教学模块示例

3. 安全友好的人机交互

智能教育机器人面向的对象，大部分是尚未成年的学生，因此人机交互的安全性是智能教育机器人设计中需要考虑的最重要的因素。智能教育机器人是为与人直接交互而设计的机器人，被设计成能够与人类在共同的空间中进行近距离互动，适合用于机器人教育领域。另外，智能教育机器人需要考虑人机交互的易用性和趣味性，语音交互、平板电脑触控交互都是学生易于接受的人机交互方式，如图 1.22 所示。

图 1.22　平板电脑触控人机交互方式

1.4.3　智能教育机器人应用现状

智能教育机器人融合了现代设计、机械、电子、传感器、人工智能等领域的先进技术，在大中小学开展教育机器人活动对培养学生动手能力和创造能力有积极的作用，可引导他们学会观察、学会表达、学会思考、学会创新。开展教育机器人活动适应新课程改革的需要，符合素质教育的要求。

发展智能教育机器人具有如下几个方面的必要性。

（1）普及机器人知识的需要。

提高全社会对机器人的认识，促进机器人在社会各领域的应用，必须通过加强机器人学科教学，使机器人知识普及化。

（2）提高机器人应用水平的需要。

机器人的应用中，存在着编程控制、管理维护、人机交互等一系列有待处理的工作。只有操作者了解机器人的原理、结构、功能、使用方法、注意事项，才能提高机器人的应用效能。

（3）提高机器人研制能力的需要。

机器人的研制，需要一大批懂得多学科知识的专门人才，特别是不断学习与应用最新科研成果的专门人才。这有赖于多形式多层次的机器人教育。

（4）深入开展信息技术教育的需要。

开展机器人教育，有助于克服信息技术教育的一些弊端。一是避免片面强调软件工具应用技能的学习而造成的程序设计思维素质培养的缺失；二是避免重“软”轻“硬”、重模仿轻创新、重理论轻实践。

（5）迎接智能机器人时代的需要。

人类社会将全面进入以智能机器人为代表的智能时代，机器人的广泛应用将极大促进社会生产力的发展与产业结构的调整；机器人的制造与销售将成为一个新的经济增长点。发展智能教育机器人，开展机器人教育，有助于我们跟上机器人时代发展的步伐。

随着教育机器人市场需求的日益增加，智能教育机器人的应用也更加广泛。在机器人发展前景大好的大环境下，我国也非常重视智能教育机器人的应用发展。

2017 年 9 月，教育部发布《中小学综合实践活动课程指导纲要》（以下简称《指导纲要》），规定综合实践活动是国家义务教育和普通高中课程方案规定的必修课程，与学科课程并列设置，是基础教育课程体系的重要组成部分。《指导纲要》将“开源机器人初体验”列为 7～9 年级学生的综合实践活动主题之一，实践活动内容包括通过常见的电子模块用 3D 打印或者激光切割等方式自制各种结构件，结合开源硬件设计有行动能力的机器人。

2017 年 12 月，教育部发布《普通高中课程方案和语文等学科课程标准（2017 年版）》（以下简称《课程标准》）。此次《课程标准》有两个与智能教育机器人相关的内容：

（1）在高中信息技术课程中增加了“人工智能初步”模块，促进学生了解人工智能技术，认识人工智能在信息社会中的重要作用。

（2）在通用技术课程中增加了“机器人设计与制作”模块，涉及计算机、程序设计、传感器等内容，如图 1.23 所示。

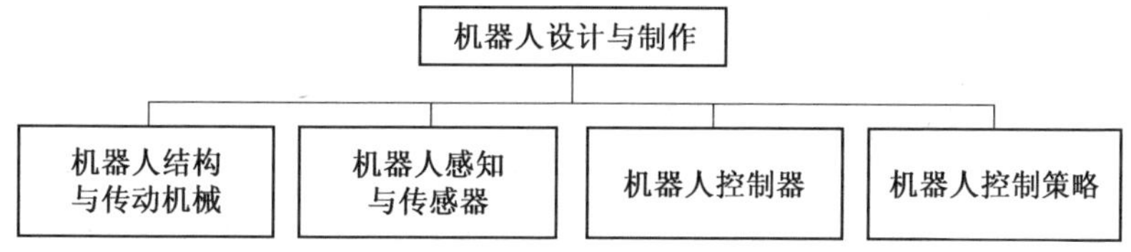

图 1.23　“机器人设计与制作”模块内容

《课程标准》指出，机器人是当今发展迅速、应用广泛且技术高度综合的现代技术产品。“机器人设计与制作”模块的学习内容包括如下 3 点。

①帮助学生深化对人机关系的认识。

②体会机器人设计与制作中软硬件协调、系统控制及路径规划的思想与方法，增强机械技术、电子技术、控制技术、计算机技术等的综合运用能力。

③了解机器人对人类的影响，了解机器人的基本原理和结构、路径规划和运动控制的计算机程序设计、调试下载方法，至少完成一种机器人的运动控制任务。

继国务院指出要在中小学阶段设置人工智能相关课程后，教育部在高中课程中增设了机器人科目，机器人教育在中小学阶段全面展开，这意味着机器人已经正式形成系统学科并在校园普及。

除了将智能教育机器人用于课内外教学，我国还开展了各类机器人竞赛，如图 1.24 所示，其中较有影响力的赛事见表 1.1。这些面对大中小学生的机器人比赛进一步促进了机器人教育的开展以及智能教育机器人的应用。

图 1.24　机器人足球比赛

表 1.1　四大机器人竞赛

赛事名称	竞赛内容
中国青少年机器人大赛	机器人综合技能比赛、机器人创意比赛、机器人足球比赛、FLL 机器人工程挑战赛、VEX 机器人工程挑战赛、RIC 机器人创新挑战赛
全国大学生机器人大赛	机器人对抗赛、机器人技术挑战赛
中国教育机器人大赛	机器人智能搬运比赛、机器人灭火与救援比赛、机器人物流比赛、服务机器人比赛、无人机竞速赛、机器人擂台赛
RoboCup 机器人世界杯中国赛	机器人救援比赛、机器人足球比赛、机器人舞蹈比赛

展望未来，智能教育机器人的应用将激发广大学生学习智能技术的兴趣和动力，并大幅度地提高学生的信息技术能力和在数字时代的竞争能力，智能教育机器人未来的应用前景将更加广阔。

1.4.4　智能教育机器人发展趋势

未来智能教育机器人的发展趋势主要体现在人工智能技术的应用，如机器学习、语音识别及仿生科技的应用。

1. 机器学习

通过集成先进的机器学习算法，未来的智能教育机器人将拥有自主判断、智能识别、优化决策等功能，能够根据不同学生的不同情况制订出不同的学习计划。同时，智能教育机器人能够通过不断更新学生的学习情况数据，并结合上述数据分析学生学习中遇到的困难与瓶颈，最终不断调整智能机器人教学的方式与策略，从而达到智能教导学生的目的。

2. 语音识别

语音识别是人工智能领域一个重要的技术方向，已被应用于包括家用智能音箱、手机语音助手等众多领域。语音识别技术以语音为研究对象，通过编码技术把语音信号转变为文本或命令，让机器能够理解人类语音，并准确识别语音内容，实现人与机器的自然语言通信。未来智能教育机器人能够通过语音与学生对话，在课堂上通过语音认出不同学生并叫出他们的名字，使学生对智能机器人产生好感和信任。

3. 仿生科技

仿生科技是工程技术与生物科学相结合的一门交叉学科。当前仿生技术发展迅速，运用范围广泛，机器人技术是其主要的结合和应用领域之一。在感知与行为能力方面，为了达到如同真人一般的感知与行为能力，整合生物、信息科技以及机械设计的仿生科技将是发展智能教育机器人的关键技术。

思考题

1. 什么是智能机器人？
2. 什么是智能教育机器人？
3. 人工智能被定义为几类？

第 2 章　智能机器人认知

2. 1　e. Do 机器人概述

❋ e. Do 机器人概述

2. 1. 1　e. Do 机器人简介

e. Do 机器人是柯马（COMAU）公司专门为教育领域定制研发的一款六轴关节机器人，整体保留工业机器人结构，造型设计时尚简洁；搭载开源硬件和软件平台，支持用户个性化配置，探索并扩展机器人世界；模块化生态系统及个性化编程界面，有益于各年龄段机器人爱好者对机器人进行编程操作。借助不同主题的教育包，e.Do 机器人能够融于课堂，实现双向互动，寓教于乐，培养学生的 STEM 素质。e.Do 教育机器人如图 2.1 所示。

图 2.1　e.Do 教育机器人

2. 1. 2　e. Do 机器人应用

随着人工智能、计算机等相关技术的发展，人们对智能机器人的研究越来越广泛。在教育领域，许多院校已在学生中开设了机器人学方面的有关课程。为了满足机器人学方面的有关课程教学示范和实验教学要求，随着工业 4.0 目标理念的推广，e.Do 机器人出现在人们的面前，它的面世将填补教育领域空白。e.Do 机器人青少年教学模块如图 2.2

所示。

这种机器人建立在鼓励应用共享和扩张的 100%开放源硬件和软件平台的基础上。e.Do 进化机器人适合教学、娱乐、商业和消费者应用，可以处理从执行简单的取放动作到自动操作商业或个人用途的应用程序等一切事情。作为一款真正意义上的类工业机器人，e.Do 机器人可在其速度和有效负载范围内，灵活地实现各种应用。

图 2.2　e.Do 机器人青少年教学模块

2.2　智能机器人组成

e.Do 机器人由 3 部分组成：机器人本体、操作端、控制器。本章将进行基础知识介绍和应用分析，e.Do 机器人组成如图 2.3 所示。

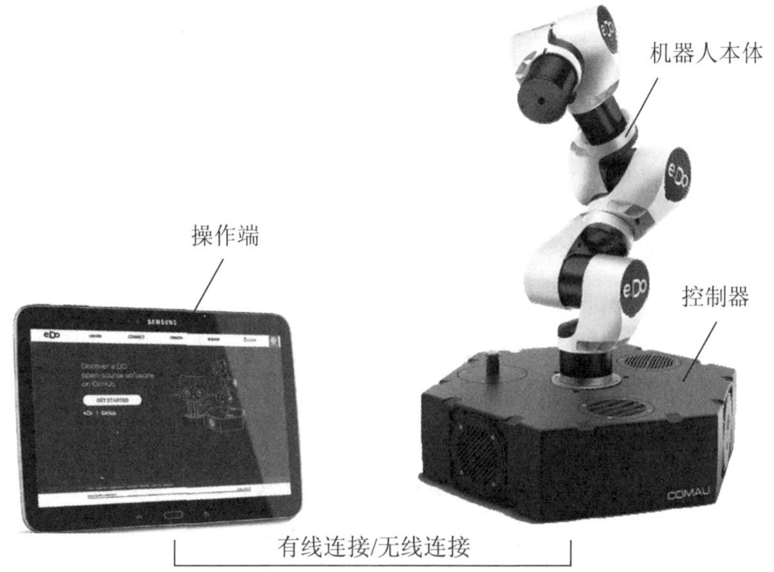

图 2.3　e.Do 机器人组成

2.2.1 本体

机器人本体又称操作机，是工业机器人的机械主体，是用来完成规定任务的执行机构。机器人本体主要由机械臂、驱动装置、传动装置和内部传感器组成。对于类似工业机器人的六轴多关节串联机器人而言，其机械臂主要包括基座、腰部、手臂（大臂和小臂）和手腕。

e.Do 机器人本体如图 2.4 所示。

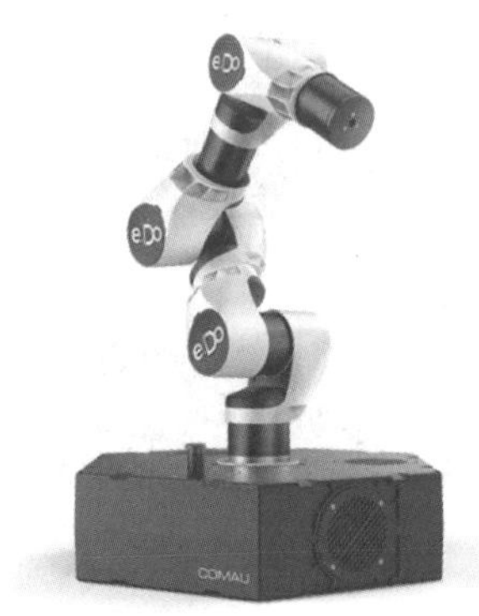

图 2.4 e.Do 机器人本体示意图

2.2.2 操作端

1. 简介

工业机器人的示教器是操作端，示教器也称示教盒或手持编辑器，可由操作者手持移动。

示教器是工业机器人的人机交互接口，机器人的绝大部分操作均可以通过示教器来完成，如点动机器人，编写、测试和运行机器人程序，设定、查阅机器人状态设置和位置等。示教器通过电缆与控制器连接。

e.Do 机器人操作端是平板电脑，平板电脑上安装有 e.Do 机器人的 App，这时平板电脑对于 e.Do 机器人来说，与示教器功能相同。与工业机器人的示教器相比，安装有 e.Do 机器人 App 的平板电脑有很多优势。

安装有 e.Do 机器人 App 的平板电脑，如图 2.5 所示。

图 2.5 安装有 e.Do 机器人 App 的平板电脑

2. 主要功能

e.Do 机器人 App 功能与工业机器人示教器功能类似，主要的功能是处理与机器人系统相关的操作，如：

- 机器人的点动进给。
- 程序创建。
- 程序的测试执行。
- 操作程序。
- 状态确认。

2.2.3　控制器

控制器用来控制机器人按规定要求动作，是机器人的关键和核心部分，它类似于人的大脑，控制着机器人的全部动作，也是机器人系统中更新发展最快的部分。

控制器的任务是根据机器人的作业指令程序以及传感器反馈回来的信号支配执行机构去完成规定的运动和功能。

机器人功能的强弱以及性能的优劣，主要取决于控制器。控制器通过各种控制电路中硬件和软件的结合来操作机器人，并协调机器人与周边的关系。

工业机器人的控制器为实现工业机器人的复杂功能，一般体积都十分庞大，e.Do 机器人的控制器体积相对于工业机器人控制器的小了许多。

e.Do 机器人采用树莓派（Raspberry Pi）作为控制器，运行 Raspbian Jessie 作业系统。树莓派是一款基于 ARM 的微型电脑主板，以 SD/MicroSD 卡为内存硬盘，卡片式主板周围有 1 个 USB 接口和一个 100 M 以太网接口，可连接键盘、鼠标和网线，同时拥有视频模拟信号的电视输出接口和 HDMI 高清视频输出接口。以上部件全部整合在一张仅比信用卡稍大的主板上，具备所有 PC 的基本功能，只需接通电视机和键盘，就能执行如电子表格、文字处理、玩游戏、播放高清视频等诸多功能。

2.3　坐标系

坐标系是为确定机器人的位置和姿态而在机器人或空间上进行定义的位置指标系统。

常用的六轴机器人坐标系有：关节坐标系、基坐标系、工具坐标系、用户坐标系。其中基坐标系、工具坐标系、用户坐标系均属于直角坐标系。机器人大部分坐标系都是笛卡尔直角坐标系，符合右手规则。

1. 基坐标系

机器人基坐标系是被固定在空间上的标准直角坐标系，其被固定在由机器人事先确定的位置。用户坐标系、工具坐标系基于该坐标系而设定。基坐标系用于位置数据的示教和执行。而 e.Do 机器人的基坐标系是基于机械臂安装的位置来确定，原点就是一轴安装底座底部中心点，Z 轴向上，X 轴向前在一轴校准坐标正前方向，Y 轴按右手规则确定，如图 2.6 所示。

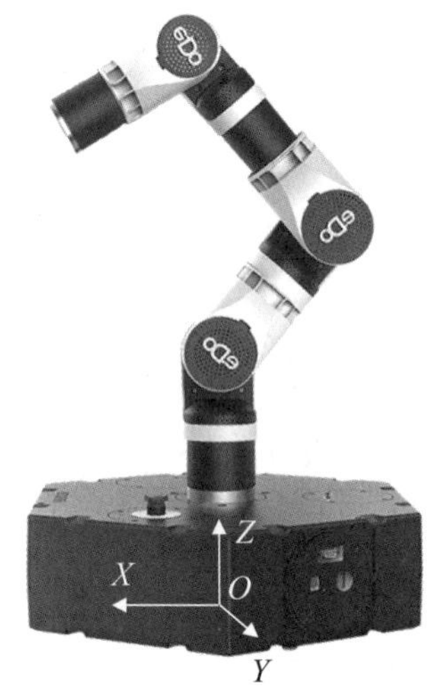

图 2.6　基坐标系

2. 工具坐标系

工具坐标系是用来定义工具中心点的位置和工具姿态的坐标系。出厂时 e.Do 机器人的工具坐标系已是确定好的，安装工具后，工具坐标系将发生变化，变为工具末端的中心。例如，装上夹爪后 e.Do 机器人工具坐标的原点位于夹爪的尖端，不装夹爪时 e.Do 机器人工具坐标的原点位于六轴顶端的中心位置。

2.4　主要技术参数

※ 主要技术参数

首先要了解机器人的主要技术参数，然后根据生产和工艺的实际要求，以及机器人的技术参数来选择机器人的机械结构、坐标形式和传动装置等。

机器人的技术参数反映了机器人的适用范围和工作性能，主要包括自由度、额定负载、工作空间、最大工作速度、分辨率和工作精度。

1. 自由度

自由度是指描述物体运动所需要的独立坐标数。

空间直角坐标系又称笛卡尔直角坐标系，它是以空间一点 O 为原点，建立三条两两相互垂直的数轴即 X 轴、Y 轴和 Z 轴。机器人系统中常用的坐标系为右手坐标系，即三个轴的正方向符合右手规则，如图 2.7 所示，即右手大拇指指向 Z 轴正方向，食指指向 X 轴正方向，中指指向 Y 轴正方向。

在三维空间中描述一个物体的位姿（即位置和姿态）需要 6 个自由度，如图 2.8 所示：

- 沿空间直角坐标系 O-XYZ 的 X、Y、Z 三个轴的平移运动 T_x、T_y、T_z。
- 绕空间直角坐标系 O-XYZ 的 X、Y、Z 三个轴的旋转运动 R_x、R_y、R_z。

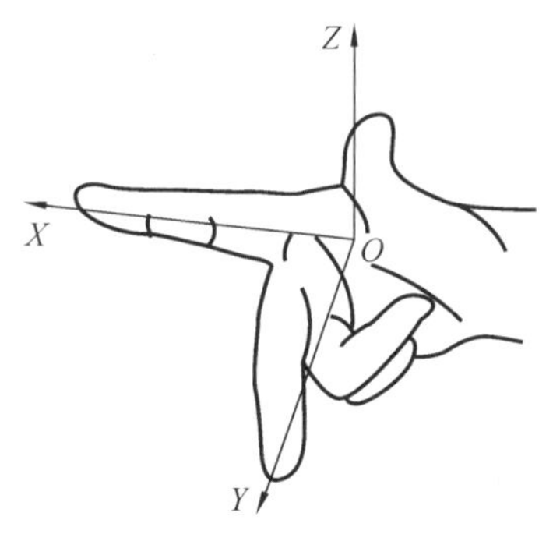

图 2.7　右手规则

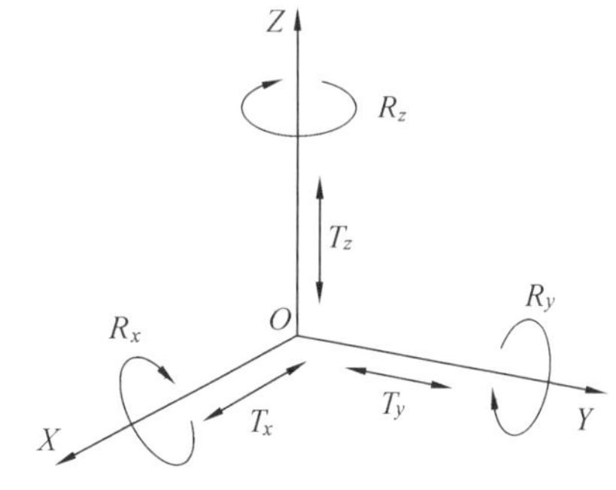

图 2.8　刚体的 6 个自由度

机器人的自由度是指工业机器人相对坐标系能够进行独立运动的数目，不包括末端执行器的动作，如图 2.9 所示。

机器人的自由度反映机器人动作的灵活性，自由度越多，机器人就越能接近人手的动作机能，通用性越好；但是自由度越多，结构就越复杂，对机器人的整体要求就越高。因此，工业机器人的自由度是根据其用途设计的。

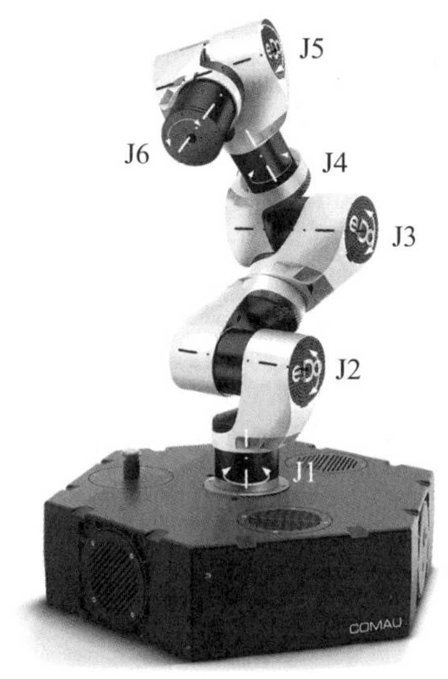

图 2.9　e.Do 机器人的自由度

2. 额定负载

额定负载也称有效负荷，是指正常作业条件下，六轴机器人在规定性能范围内，机械臂末端所能承受的最大载荷。

3. 工作空间

工作空间又称工作范围、工作行程，是指六轴机器人作业时，机器人末端执行器运动描述参考点所能达到的空间点的集合，常用图形表示，在性能参数表格中通常指工作半径。

e.Do 机器人工作空间如图 2.10 所示。

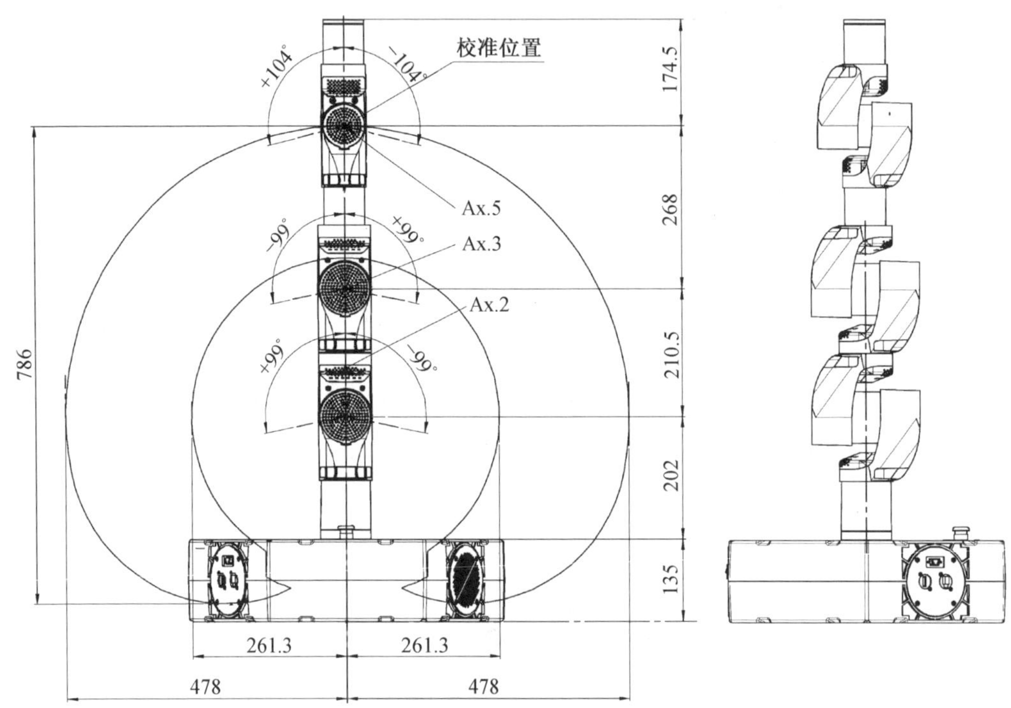

图 2.10　e.Do 机器人工作空间

4. 最大工作速度

最大工作速度通常是指在各轴联动情况下，六轴机器人工具中心点所能达到的最大线速度。最大工作速度越高，工作效率就越高；然而，工作速度越高，对工业机器人的最大加速度的要求也越高。

5. 分辨率

分辨率是指六轴机器人每根轴能够实现的最小移动距离或最小转动角度。机器人的分辨率由系统设计检测参数决定，并受到位置反馈检测单元性能的影响。

系统分辨率可分为编程分辨率和控制分辨率两部分。

编程分辨率是指程序中可以设定的最小距离单位；控制分辨率是位置反馈回路能够检测到的最小位移量。显然，当编程分辨率与控制分辨率相等时，系统性能达到最高。

6. 工作精度

六轴机器人的工作精度包括定位精度和重复定位精度。

定位精度又称绝对精度，是指机器人的末端执行器实际到达位置与目标位置之间的差距。

重复定位精度简称重复精度，是指在相同的运动位置命令下，机器人重复定位其末端执行器于同一目标位置的能力，以实际位置值的分散程度来表示。

实际上机器人重复执行某位置给定指令时，每次走过的距离并不相同，都是在一平均值附近变化，该平均值代表精度，变化的幅值代表重复精度，如图 2.11 和图 2.12 所示。机器人具有绝对精度低、重复精度高的特点。

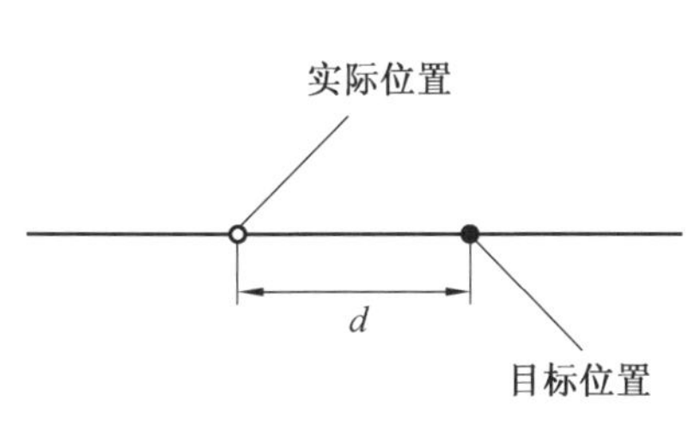

图 2.11　定位精度图

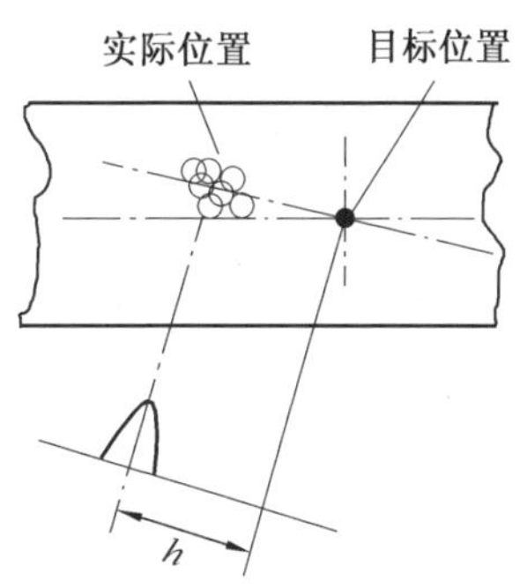

图 2.12　重复定位精度

e.Do 机器人主要技术参数见表 2.1。

表 2.1　e.Do 机器人主要技术参数

e.Do		
轴数		6
最大载重		1 kg
最大工作半径		478 mm
行程（速度）	第 1 轴	+/−180°(22.8°/s)
	第 2 轴	+/−99°(22.8°/s)
	第 3 轴	+/−99°(22.8°/s)
	第 4 轴	+/−180°(33.6°/s)
	第 5 轴	+/−104°(33.6°/s)
	第 6 轴	+/−180°(33.6°/s)

续表 2.1

总质量	11.1 kg
机器人臂质量	5.4 kg
结构材料	IXEF 1022
电源	通用外部电源转 12 V 电源适配器
连接性	一个外部 USB 端口； 一个 RJ45 以太网端口； 一个 DUSB-9 串口
母板	运行 Raspbian Jessie 的树莓派
控制逻辑单元	Kinetic Kame
其他特点	e.Do 软件栈
	外部急停按钮

思考题

1. e. Do 机器人由哪几部分组成？
2. e. Do 机器人坐标系有哪些？怎么样确定坐标系位置？
3. e. Do 机器人技术参数有哪些？

第 3 章　智能机器人拆装

3.1　e. Do 机器人硬件组成

❋ 智能机器人拆卸

e.Do 机器人硬件主要由底座、机械臂和夹爪 3 部分组成，其中 e.Do 机器人各个部位之间通过控制线进行信号传输与控制。

底座与机械臂是四根线相连控制，机械臂的 1 轴到 3 轴是由四根线连接控制，3 轴到 6 轴是由三根线连接控制。具体说明如图 3.1 所示。

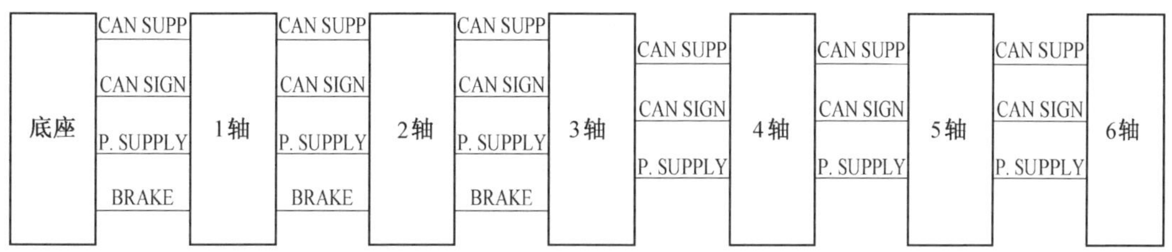

图 3.1　机器人底座与机械臂控制线连接示意图

- CAN SUPP：信号电源线。
- CAN SIGN：信号线。
- P. SUPPLY：电机电源线。
- BRAKE：抱闸线。

其中 CAN SUPP 线为蓝色端子，CAN SIGN 线为绿色端子，P. SUPPLY 线为白色端子，BRAKE 线为红色端子。四根控制线如图 3.2 所示。

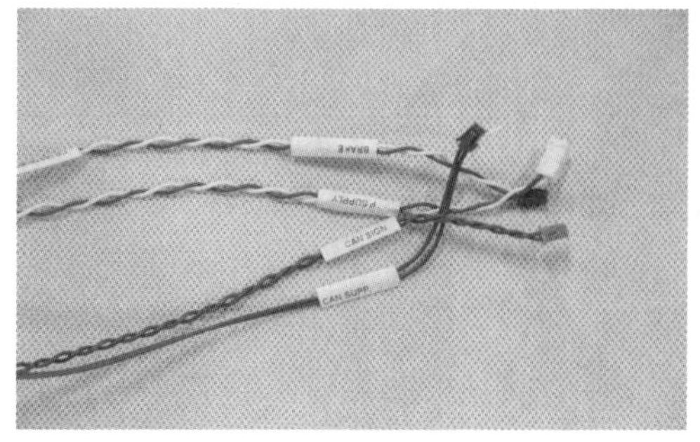

图 3.2　四根控制线

e.Do 机器人除了底座与机械臂两个重要部分外，还有一些不可缺少的配件，具体说明见表 3.1。

表 3.1 e.Do 机器人其他配件说明

序号	图片示例	配件说明
1		急停按钮：位于底座上，按下后机器人停止运动
2	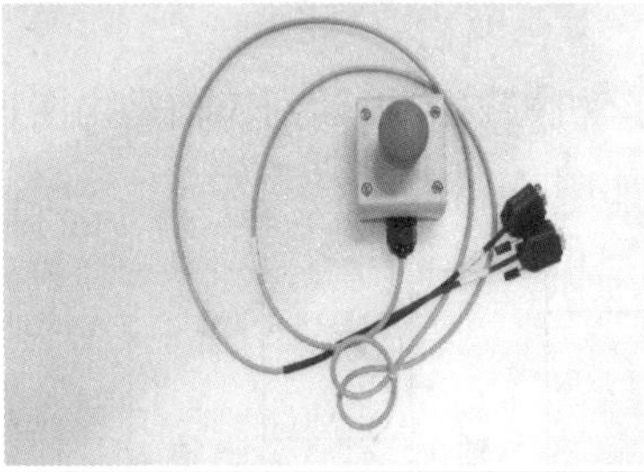	外接急停按钮：连接底座上 DUSB-9 接口，通过有线连接远距离停止机器人运动
3	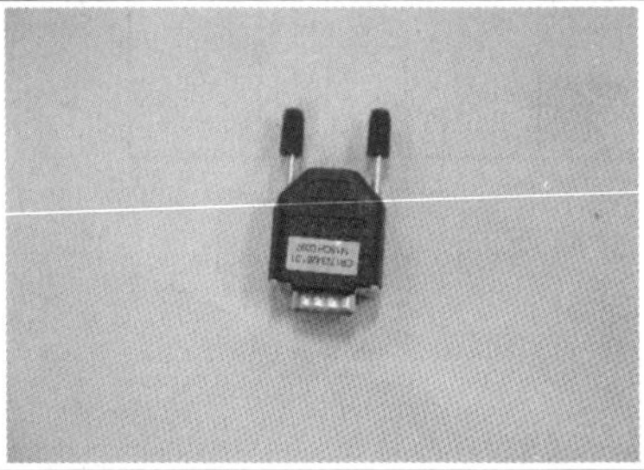	J8 连接器：连接底座上 DUSB-9 接口，在未连接外接急停按钮情况下，底座必须安装 J8 连接器
4		短接端子：安装于 6 轴，在未安装夹爪时，6 轴必须安装短接端子
5		电源线：为机器人供电

3.2　e. Do 机器人拆卸

3.2.1　拆机前准备

拆机工具：

（1）一套内六角球形扳手，如图 3.3 所示。

（2）一套套筒扳手，如图 3.4 所示。

图 3.3　一套内六角球形扳手

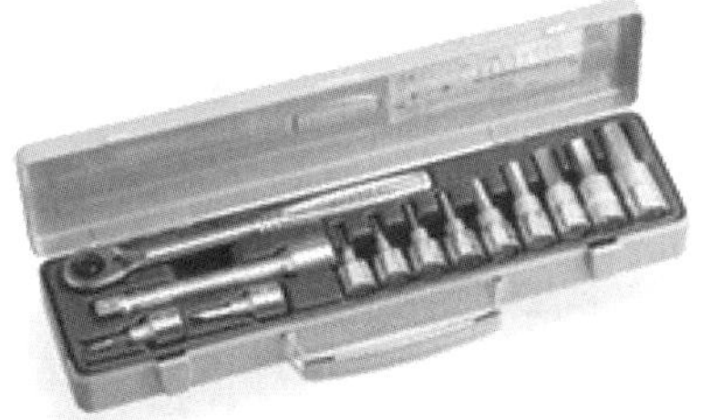

图 3.4　一套套筒扳手

3.2.2　夹爪拆卸

夹爪安装于 e.Do 机器人六轴机械臂末端，e.Do 机器人夹爪拆卸步骤见表 3.2。

表 3.2　e.Do 机器人夹爪拆卸步骤

序号	图片示例	操作步骤
1	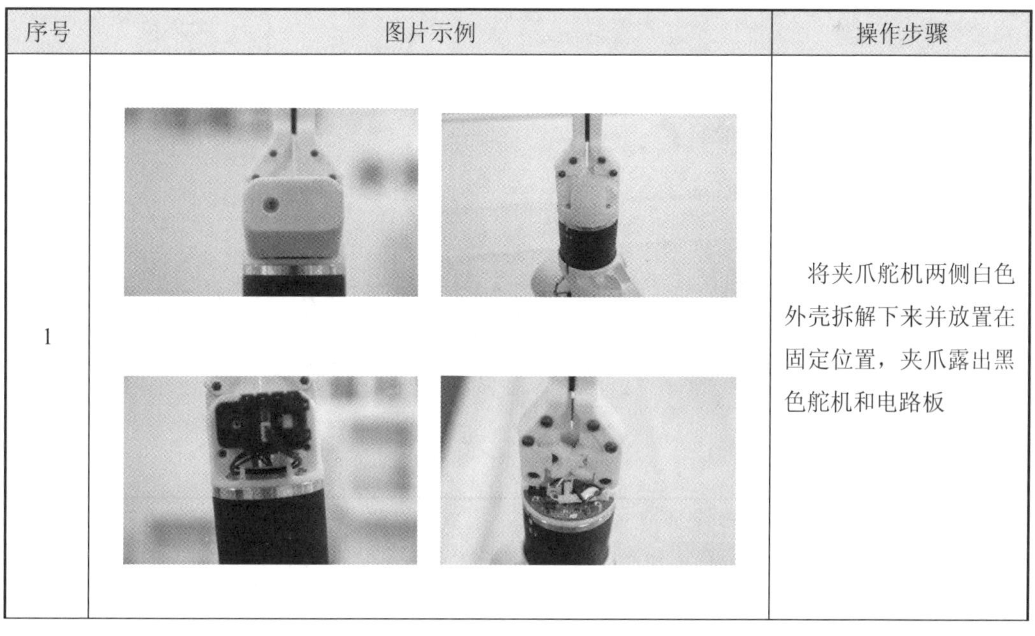	将夹爪舵机两侧白色外壳拆解下来并放置在固定位置，夹爪露出黑色舵机和电路板

续表 3.2

序号	图片示例	操作步骤
2	  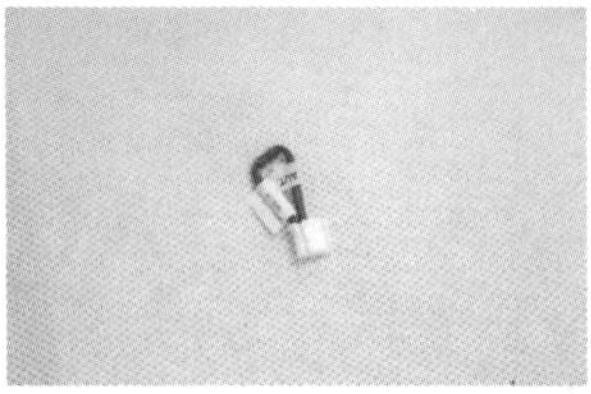 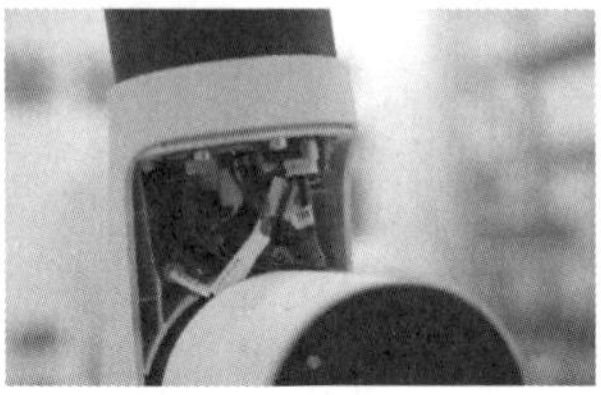	将 6 轴与 5 轴连接的的黑色外壳拧下放在放置台上，然后将白色插槽端子拔下，该端子为夹爪的 CAN SUPP 线和 CAN SIGN 线。将短接端子重新插入被移除白色端子的插槽
3	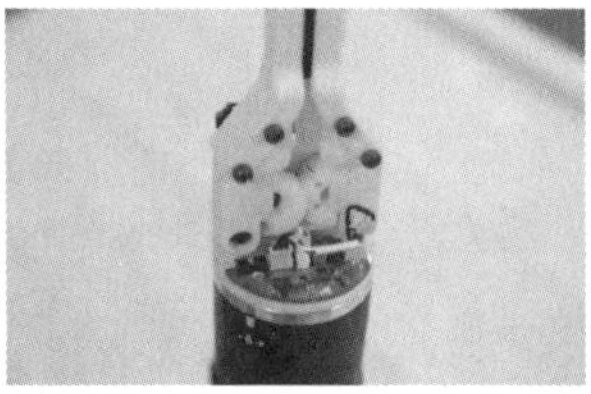 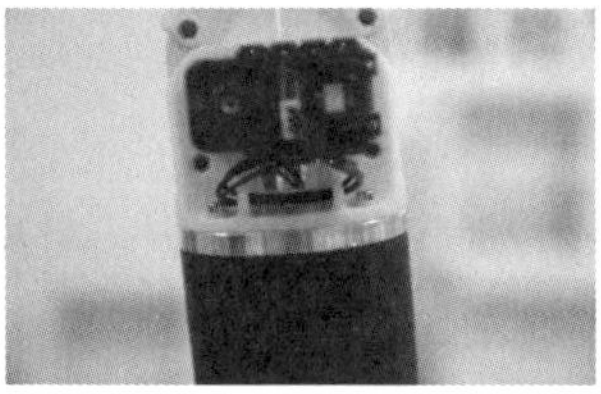	将夹爪的 CAN SUPP 线和 CAN SIGN 线拔除，并将线从 6 轴与 5 轴连接处轻轻拔出来，之后将黑色舵机下固定夹爪的两颗螺丝旋转拧下，最后安装 6 轴与 5 轴黑色外壳
4	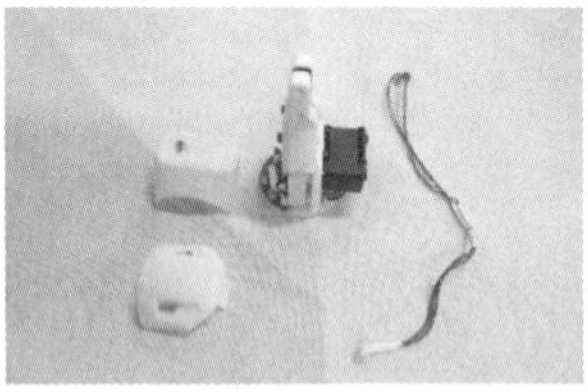 	夹爪拆卸完毕

3.2.3 机器人拆卸

1. 底座拆除步骤

底座拆除步骤见表 3.3。

表 3.3　底座拆除步骤

序号	图片示例	操作步骤
1		在底座拆除前，保证拆机前所有电源处于断开状态，机器人处于初始 HOME 点
2	  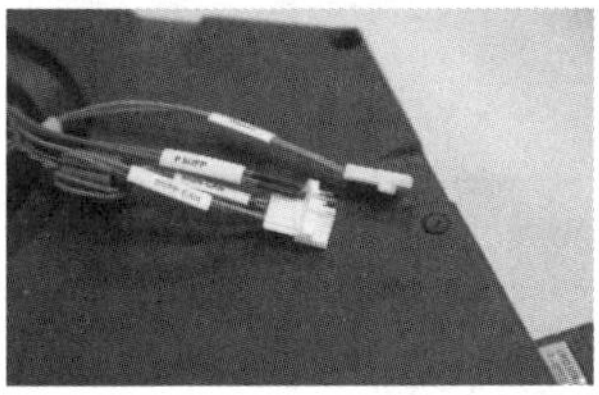 	用内六角扳手对 1 轴底座的 4 个内六角螺母拆解，轻轻将 1 轴底座向上抬起，将 CAN SUPP，CAN SIGN，BRAKE 和 P. SUPPLY 4 个接线端子拔开，实现机器人机械臂与底座分离
3	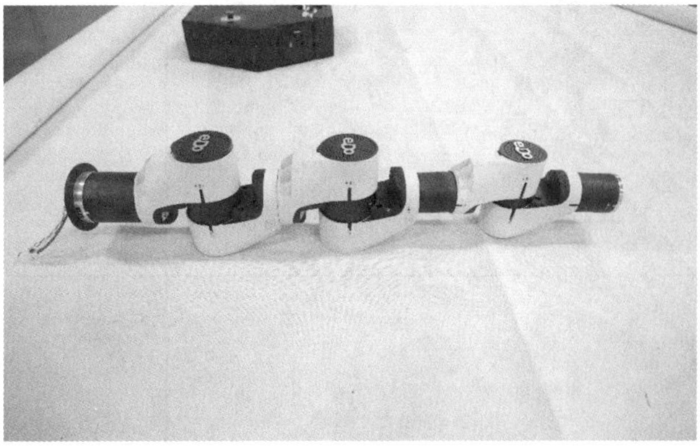	将机械臂放置于放置台上，底座拆除完成

2. 机械臂轴拆除步骤

机械臂轴拆除步骤见表 3.4。

表 3.4 机械臂轴拆除步骤

序号	图片示例	操作步骤
1	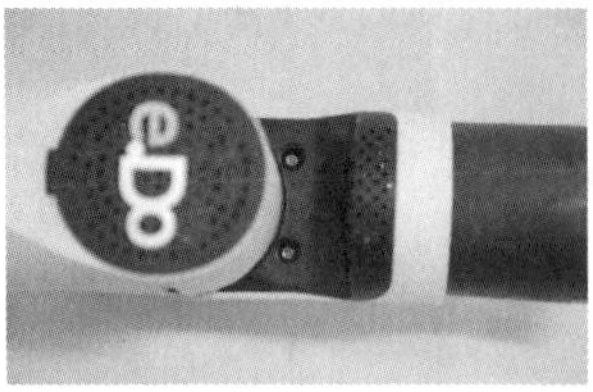 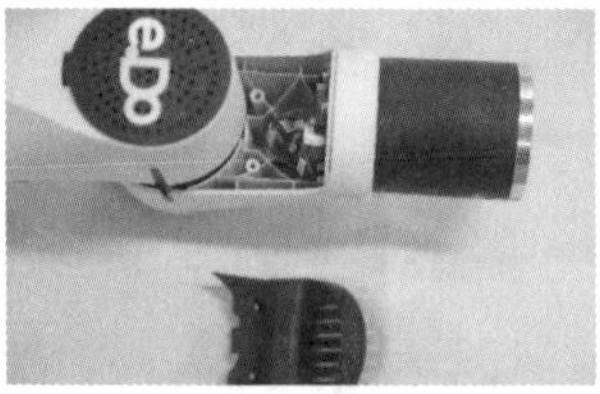	6 轴关节位置有一块黑色外壳，外壳依靠两个内六角螺钉进行固定，可用内六角扳手对其进行拆解
2	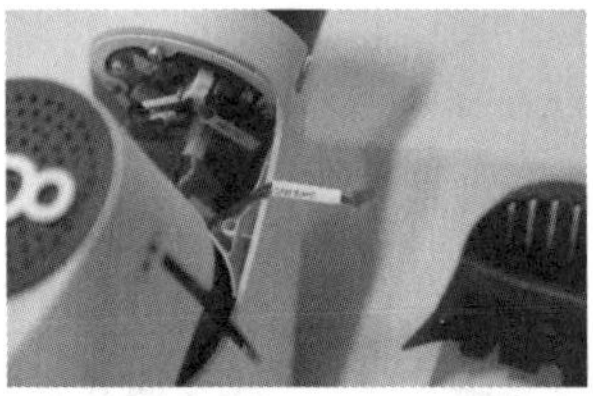   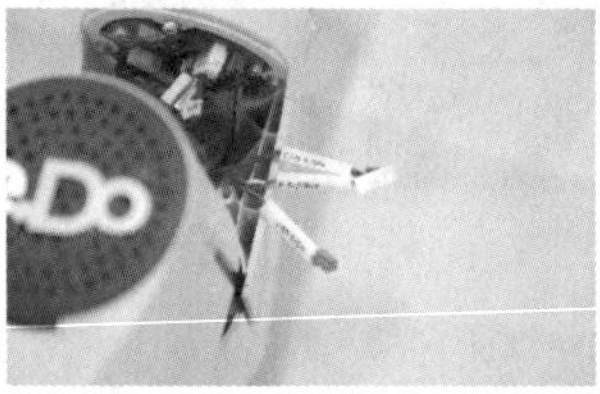	拆开连接板之后，找到三根线缆，分别为 CAN SIGN 线、CAN SUPP 线、P. SUPPLY 线，依次拔除
3		将白色外壳与黑色电机上的四颗内六角螺钉拆解，并且将其放到放置台上做好标记
4	 	第 6 轴拆解完成

续表 3.4

序号	图片示例	操作步骤
5	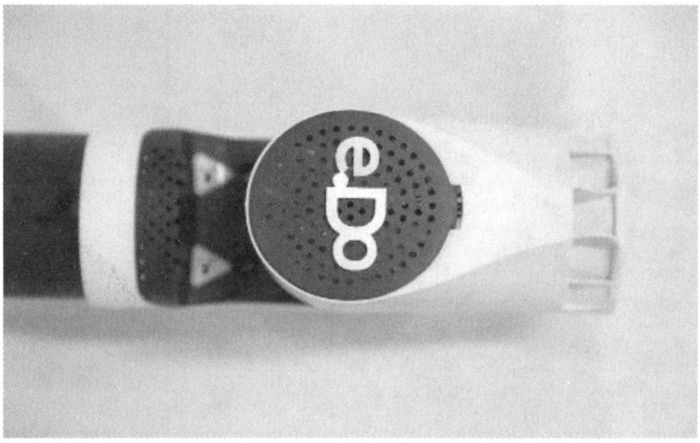 e.Do	按照同样的方法拆除第 5 轴和第 4 轴
6	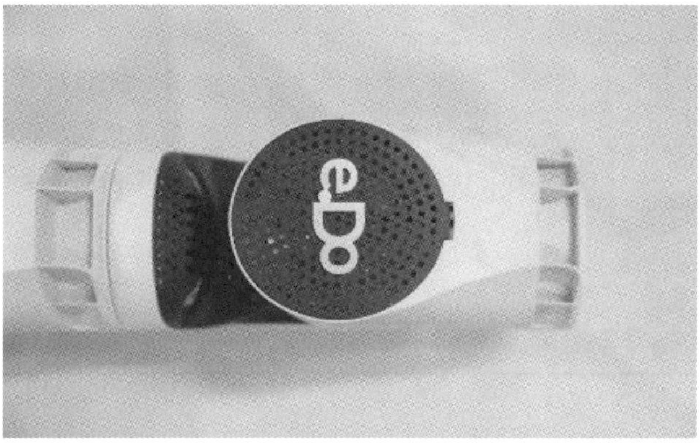 e.Do	拆除第 3 轴到第 1 轴时，会多拆除一条 BRAKE 线
7	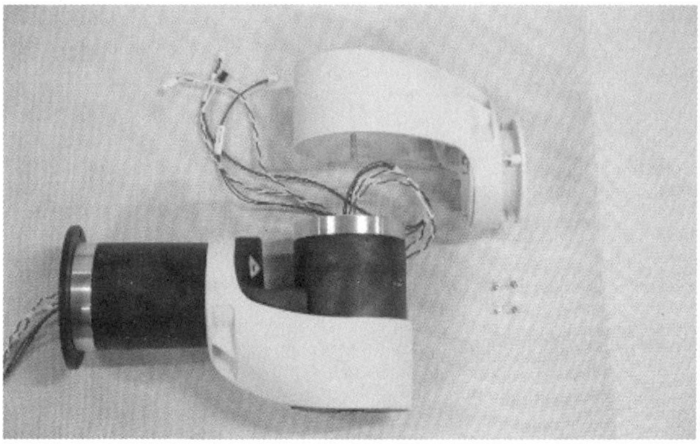	拆解 2 轴

续表 3.4

序号	图片示例	操作步骤
8		拆解 1 轴
9		e.Do 机器人全部拆解完成后，底座和机械臂零件爆炸图

3.3 e. Do 机器人安装

※ 智能机器人安装

3.3.1 安装前准备

装机工具：

（1）一套内六角球形扳手。

（2）一套套筒扳手。

3.3.2 机器人安装

e.Do 机器人可以按照拆卸的相反步骤进行安装。

1. 1 轴安装步骤

1 轴安装步骤见表 3.5。

表 3.5　1 轴安装步骤

序号	图片示例	操作步骤
1	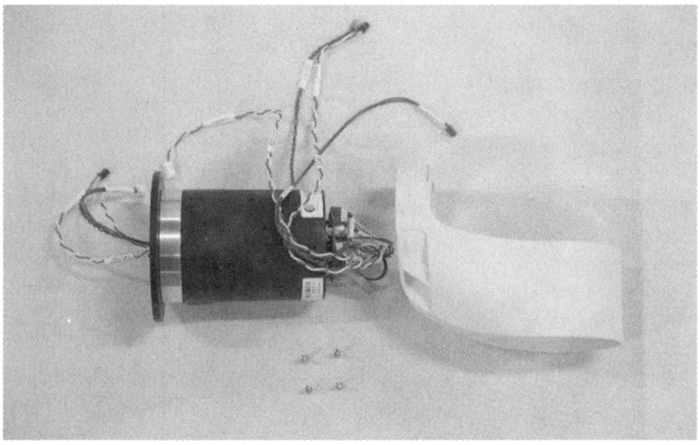	将 1 轴与白色外壳连接
2	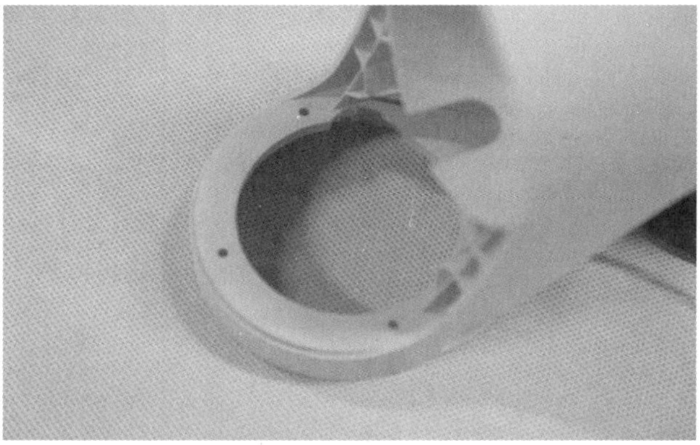	安装时注意白色外壳的方向要安装正确
3	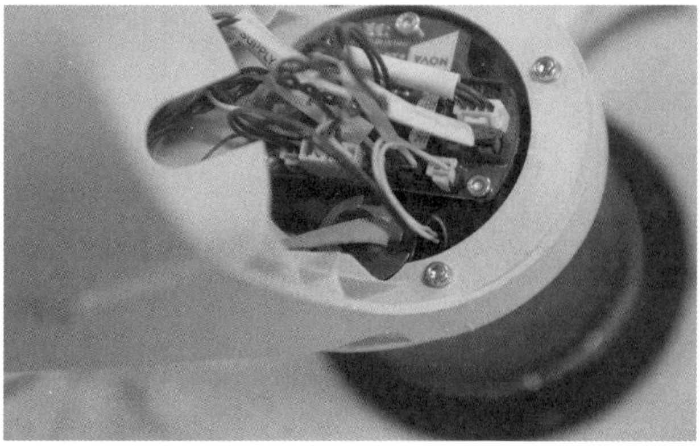	白色外壳的正确安装方向如图所示

续表 3.5

序号	图片示例	操作步骤
4		控制线从白色外壳孔洞处穿过
5	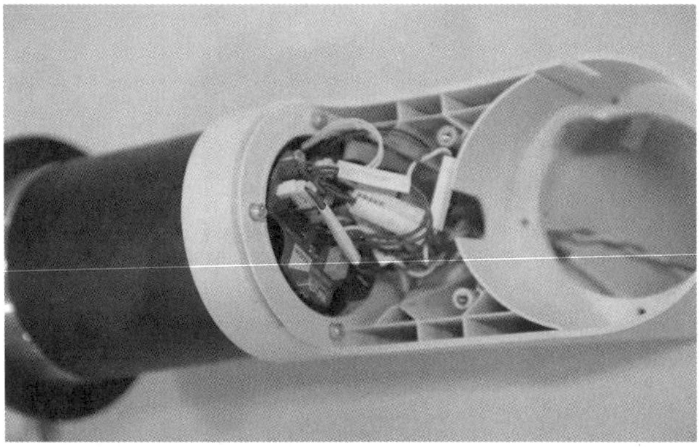	用扳手拧紧 4 颗螺丝，将白色外壳与 1 轴连接起来
6	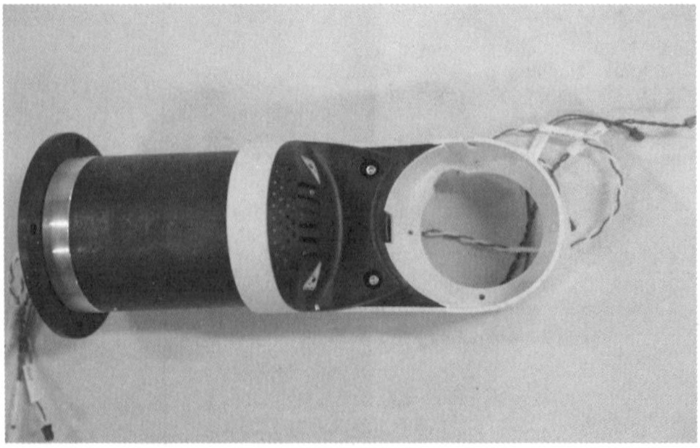	安装黑色外壳后，1 轴安装完成

2. 2～6 轴安装步骤

2～6 轴安装步骤见表 3.6。

表 3.6　2～6 轴安装步骤

序号	图片示例	操作步骤
1	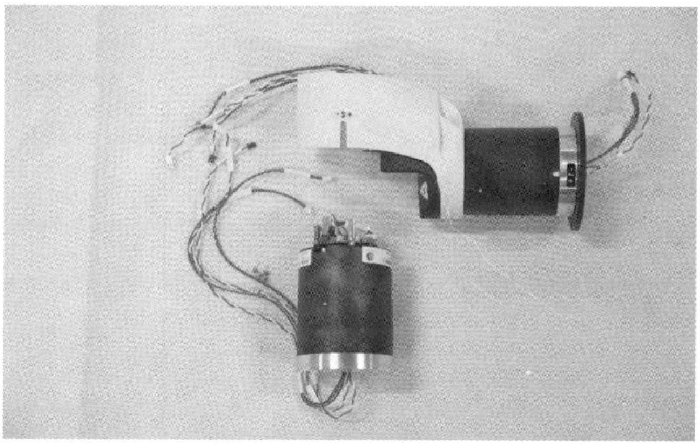	准备安装 2 轴
2	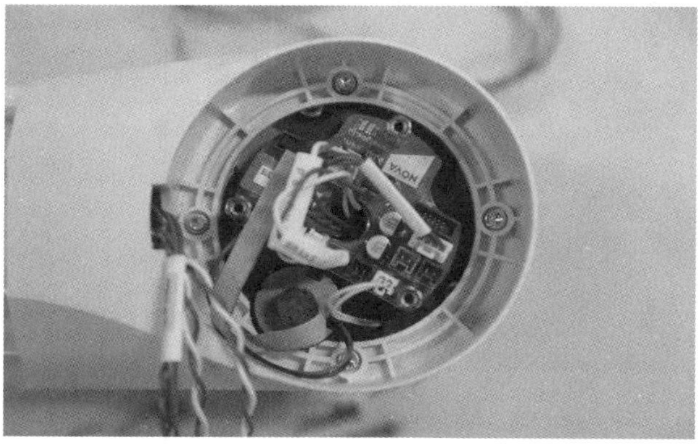	用扳手拧紧 2 轴与白色外壳连接的 4 颗螺丝
3		将 CAN SIGN 线插入绿色插槽内，CAN SUPP 线插入蓝色插槽内，P. SUPPLY 线插入白色插槽内，BRAKE 线插入红色插槽内

续表 3.6

序号	图片示例	操作步骤
4	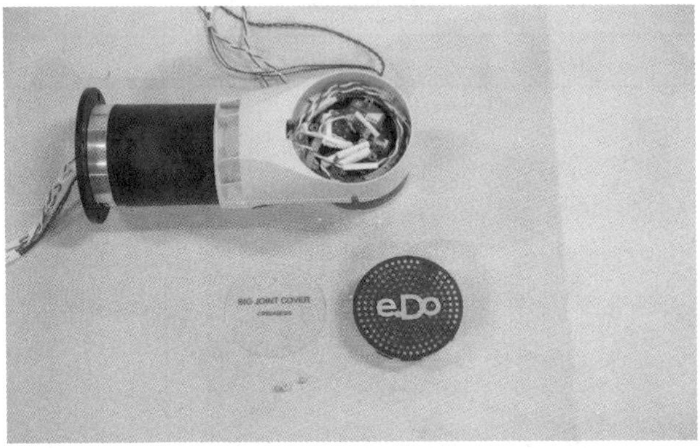	用扳手依次旋上阻线板，并且安装黑色盖板
5		控制线从白色外壳的孔洞穿过
6		将 2 轴与白色外壳通过扳手进行固定

续表 3.6

序号	图片示例	操作步骤
7	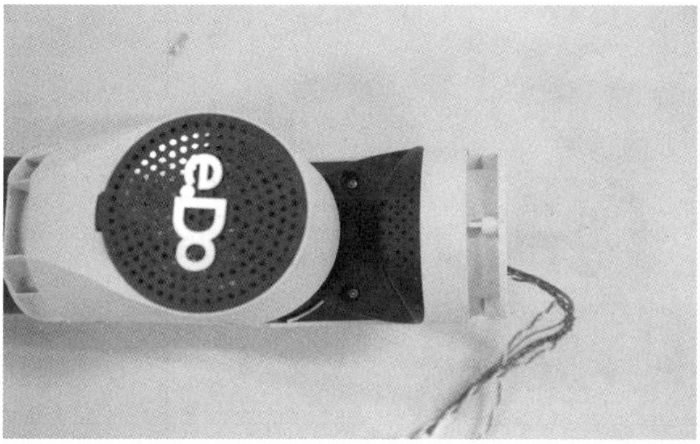	将机械臂翻转，安装黑色外壳
8	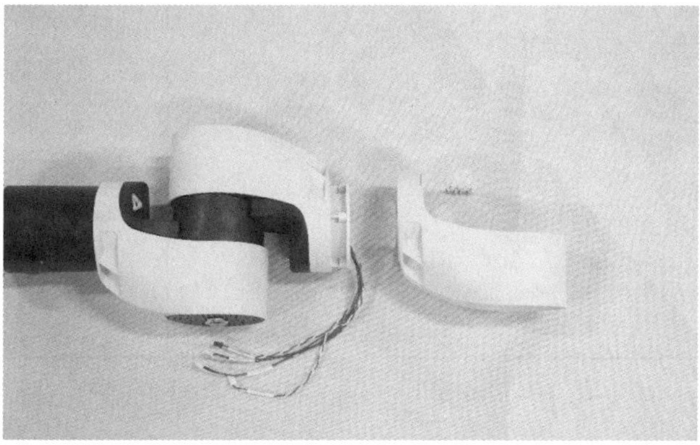	安装 3 轴与 2 轴的白色外壳
9	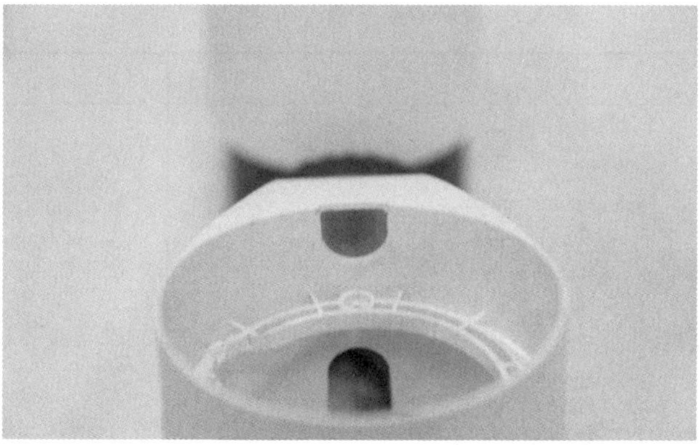	控制线从白色外壳穿过

续表 3.6

序号	图片示例	操作步骤
10		将两个白色外壳通过内六角扳手拧紧螺丝将其固定，2 轴安装完成
11		按照相同方法安装 3～6 轴。机械臂安装完成

3. 底座安装步骤。

底座安装步骤见表 3.7。

表 3.7　底座安装步骤

序号	图片示例	操作步骤
1		准备安装底座

续表 3.7

序号	图片示例	操作步骤
2	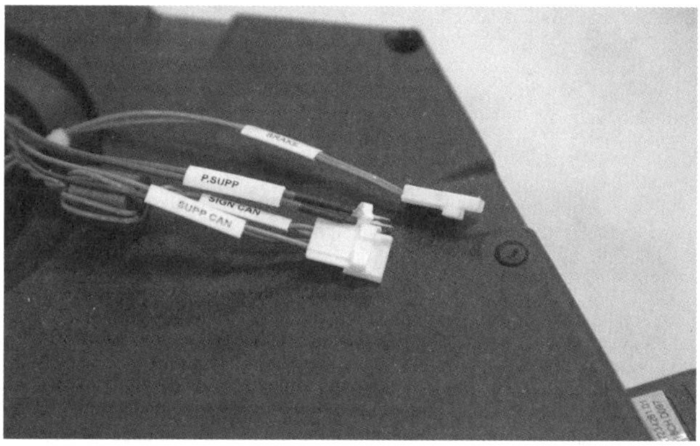	找到底座上 CAN SIGN 线、CAN SUPP 线、P. SUPPLY 线、BRAKE 线
3	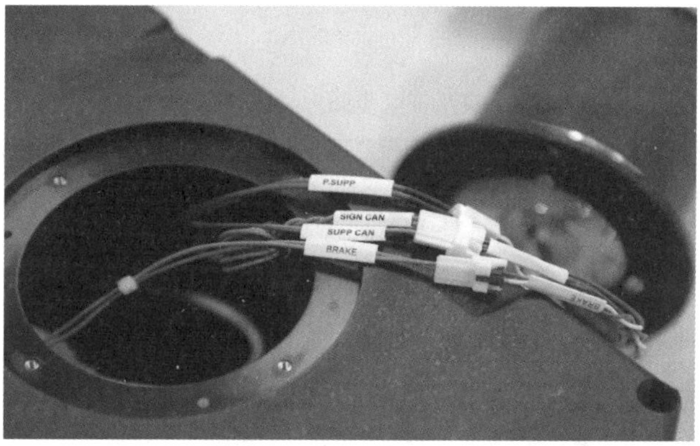	按照标签将底座上的 CAN SIGN 线、CAN SUPP 线、P. SUPPLY 线、BRAKE 线和机械臂的 CAN SIGN 线、CAN SUPP 线、P. SUPPLY 线、BRAKE 线相互连接起来
4	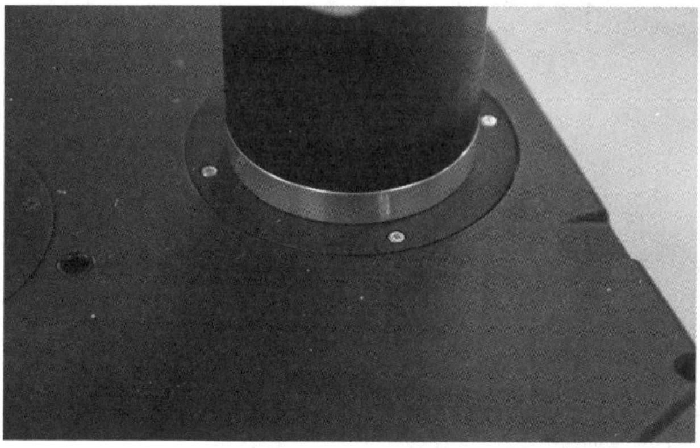	将机械臂安装到底座上，并用扳手进行固定

续表 3.7

序号	图片示例	操作步骤
5	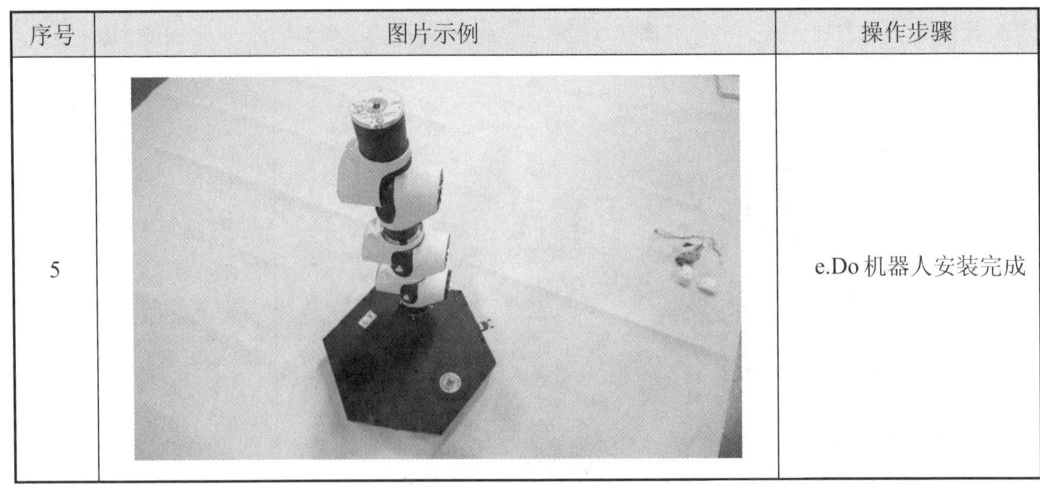	e.Do 机器人安装完成

3.3.3　夹爪安装

夹爪安装步骤见表 3.8。

表 3.8　夹爪安装步骤

序号	图片示例	操作步骤
1		准备安装夹爪
2		使用扳手将 6 轴与 5 轴黑色外壳拆卸下来

续表 3.8

序号	图片示例	操作步骤
3		将短接端子拆卸下来
4		拆卸下来的短接端子
5		将夹爪的 CAN SUPP 线和 CAN SIGN 线总端子插入白色插槽内，并将 CAN SUPP 线和 CAN SIGN 线从 6 轴中间孔洞穿过

续表 3.8

序号	图片示例	操作步骤
6	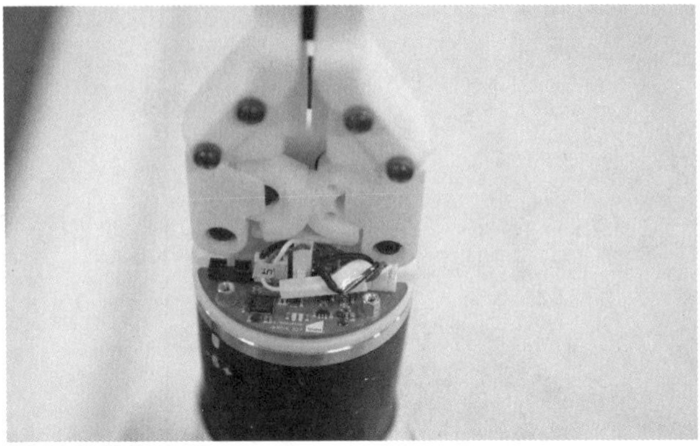	安装夹爪的 CAN SUPP 线和 CAN SIGN 线，并使用套筒扳手安装 2 颗螺丝
7	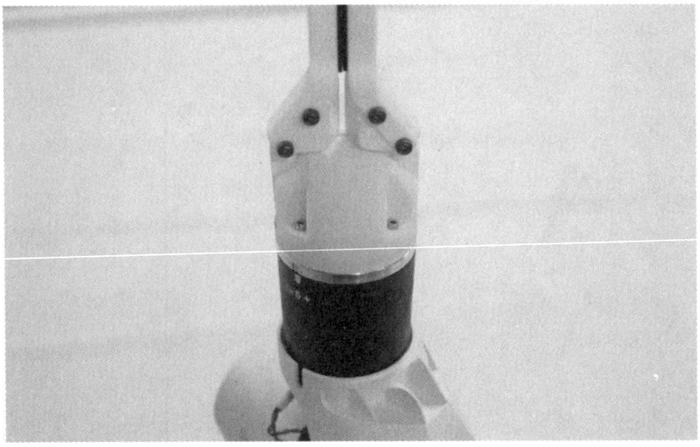	使用扳手安装外壳
8		使用扳手安装 2 颗螺丝固定夹爪

续表 3.8

序号	图片示例	操作步骤
9		使用扳手安装舵机外壳和安装 6 轴与 5 轴黑色外壳，至此夹爪安装完成

思考题

1. e.Do 机器人拆卸和安装前需要做哪些准备？
2. e.Do 机器人拆卸和安装的顺序是否相同？
3. e.Do 机器人怎样拆卸和安装？

第 4 章　智能机器人连接与初始化

本章对 e.Do 机器人的操作 App 的下载和安装进行介绍，并详细介绍关于 App 与机器人的连接建立，以及 App 与机器人的初始化配置和初始化校准等功能。

※ 软件下载安装

4.1　软件下载安装

打开平板电脑的“浏览器”，输入网址：https://edo.cloud，并点击【前往】进入 e.Do 机器人官网，如图 4.1 所示。向下滑动，找到“e.DO OWNER”位置，点击【App】，进入“E.DO APPS”界面，向下滑动，出现不同版本的 e.DoAPP。这里我们以 v.3.0.0 版本为例，点击【ANDROID BINARY】，出现下载提示框，点击【本地下载】，下载完毕后点击【安装】，开始安装。

图 4.1　e.Do 机器人官网

4.2　机器人连接

4.2.1　智能机器人连接方式

智能机器人连接有无线连接和有线连接两种方式，其中无线连接是指平板电脑通过连接 e.Do 机器人的 WIFI 热点进行相互通信；有线连接是指平板电脑通过以太网线与 e.Do 机器人连接，实现相互通信。

无线连接与有线连接的优缺点对比见表 4.1。

表 4.1 无线连接与有线连接的优缺点对比

	无线连接	有线连接
连接方式	WIFI 热点	以太网有线连接
连接平台	任意一台可以安装 e.DoApp 的平板电脑	可以安装 e.DoApp，同时必须支持以太网有线连接的平板电脑
连接复杂度	简单	复杂
最远控制距离	理论上 10～50 m，根据现场状况最远距离会有变化	根据网线长度决定
信号质量	距离机器人越远信号越差	强
优点	简单方便	信号抗干扰强
缺点	易受干扰	有线携带不便

4.2.2 无线连接

当所有接线连接完成并打开电源后，打开平板电脑按以下步骤进行平板电脑与 e.Do 机器人的无线连接。

打开平板电脑，点击【设置】打开设置界面，点击【WLAN】打开无线连接，并等待几分钟，等待机器人的 WIFI 出现，选择 e.Do 机器人对应的 WIFI，例如 edo.wifi.e0:ed:2e，输入 WIFI 密码，e.Do 的 WIFI 初始密码为 edoedoedo，点击【连接】便建立了平板电脑与 e.Do 机器人的无线连接。WIFI 名称和密码均可在“设定”功能中的“WiFi 配置”中进行修改。

4.2.3 有线连接

e.Do 机器人的有线连接步骤见表 4.2。

表 4.2 e.Do 机器人的有线连接步骤

序号	图片示例	操作步骤
1		网线的一端连接有平板电脑的线转接头，另一端连接 e.Do 机器人上的以太网接口

续表 4.2

序号	图片示例	操作步骤
2		在“设置”中选择“连接” 在“连接”中选择“更多连接设置” 在“更多连接设置”中选择“以太网”
3	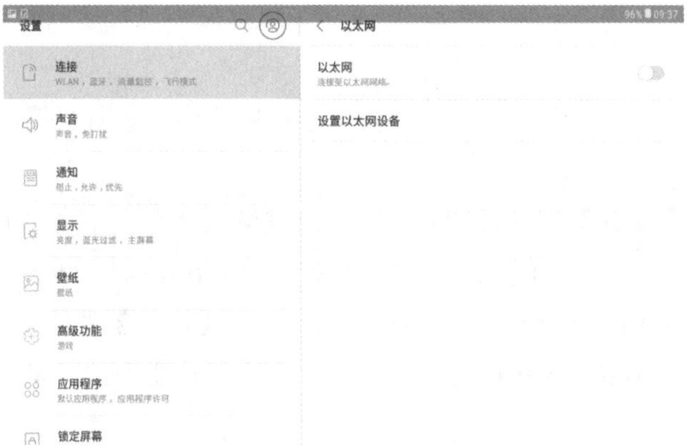	第一次连接时，需要点击“设置以太网设备”进行 IP 地址设置。 IP 地址：10.42.0.55 子网掩码：255.255.255.0 DNS 地址：10.42.0.49 默认路由器：10.42.0.49 设置完成后点击【保存】
4		点击“以太网”进行连接，当屏幕的右上方显示时，表示有线连接成功

注意：第二次连接时，可以直接点击“以太网”进行连接，当屏幕的右上方显示时，表示有线连接成功。

4.3　初始化

4.3.1　初始化配置

※ 初始化

机器人初始化是操作机器人必然经历的过程，e.Do 机器人有安装夹爪和没有安装夹爪两种情况，这两种情况在初始化的过程中有所不同，下面将机器人在初始化过程中不同的配置方式进行介绍。

在如图 4.2 所示的初始化配置界面下，e.Do 机器人已安装夹爪时选择“夹爪”选项进行配置；e.Do 机器人未安装夹爪时选择“没有工具”选项进行配置。

图 4.2　初始化配置界面

以上就是机器人在初始化配置过程中，在安装夹爪和未安装夹爪两种情况下，初始化配置的不同操作，其余初始化配置操作步骤相同。

下面进行 e.Do 机器人的初始化配置，详细步骤见表 4.3。

表 4.3　**e.Do 机器人的初始化配置步骤**

序号	图片示例	操作步骤
1	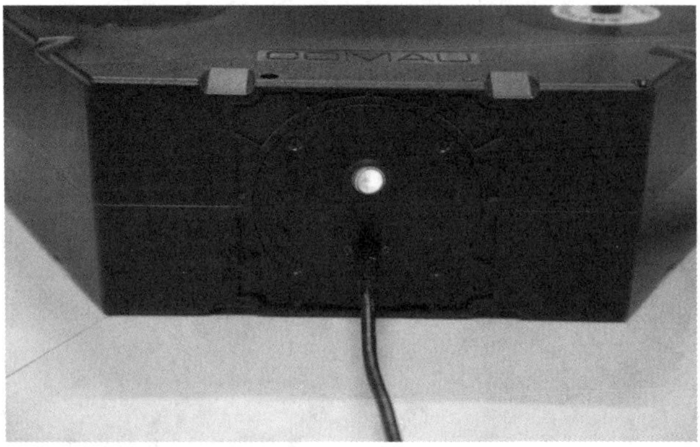	机器人开机，按下电源键，电源键点亮并呈现出绿色的光，说明机器人已经启动成功
2		连接 e.Do 机器人对应的 WIFI，输入 WIFI 密码，e.DoWIFI 初始密码为 edoedoedo

续表 4.3

序号	图片示例	操作步骤
3		点击“e.Do”App，进入软件界面
4		进入连接界面，点击【CONNECT VIA SERIAL NUMBER】，弹出“Connect”对话框
5		在对话框中输入机器人序列号，输入完成后点击【OK】进入初始化配置界面

续表 4.3

序号	图片示例	操作步骤
6		机器人序列号在 e.Do 机器人 1 轴正方向对应的底座侧面贴纸上，例如这台 e.Do 机器人标签的“DATE & SERIAL NUMBER”栏中“2019”表示日期，“2405839”则是序列号
7	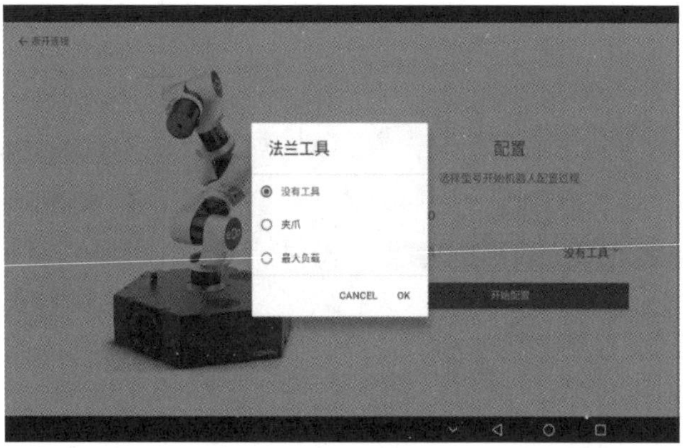	在初始化配置界面中，点击【没有工具】弹出“法兰工具”对话框，选择“夹爪”，点击【OK】确认配置设定
8		点击【开始配置】，弹出“确认配置”对话框，点击【处理】进行机器人配置

续表 4.3

序号	图片示例	操作步骤
9	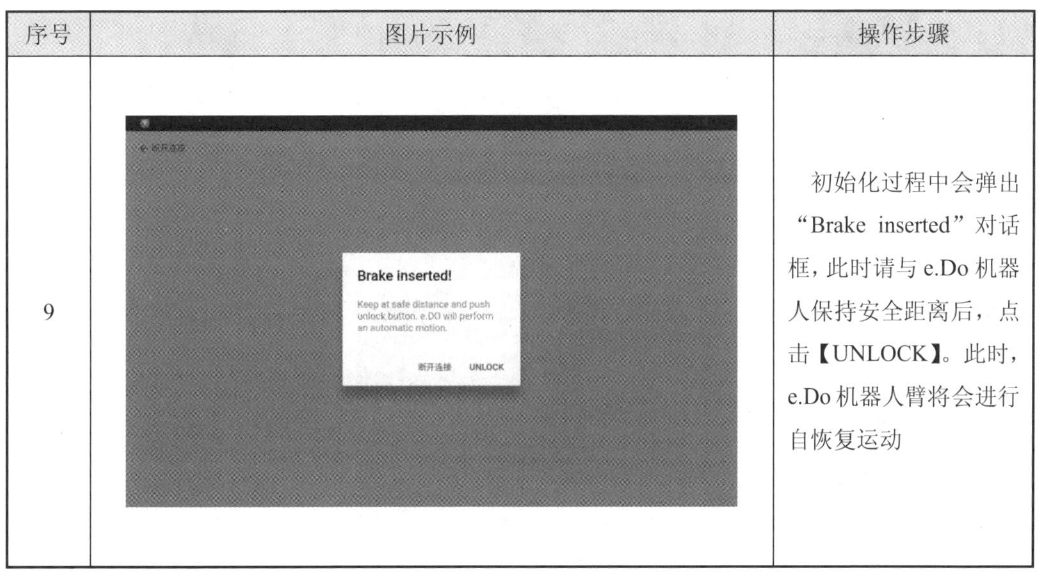	初始化过程中会弹出“Brake inserted”对话框，此时请与 e.Do 机器人保持安全距离后，点击【UNLOCK】。此时，e.Do 机器人臂将会进行自恢复运动

在连接过程中可能出现以下问题。

问题一：在初始化配置中始终“处于初始化中”？

解决方法：

方法一：检查 e.Do 机器人急停键是否被按下，如果被按下，请将急停键拉起，重新进行初始化配置。

方法二：点击平板电脑多任务键，进入管理后台，从管理后台中彻底关闭 App，然后再重新启动 App 即可解决。

方法三：直接关闭 e.Do 机器人电源，等待两分钟后，重新启动机器人，重新启动 App。

问题二：连接方式选择“有线连接”，出现插上有线转接线，有显示，但是 App 不能进或者闪退的问题。

解决方法：

方法一：在平板电脑上点击“以太网”断开连接，再次点击“以太网”重新连接。

方法二：拔掉有线转接线，重新进行有线连接。

4.3.2　零点校准

e.Do 机器人本体的 6 个轴均有零点标记，如图 4.3 所示。手动将机器人各轴零点标记对准，操作平板电脑记录当前转数计数器数据，控制器内部将自动计算出该轴的零点位置，并以此作为各轴的基准进行控制。

（a）1 轴

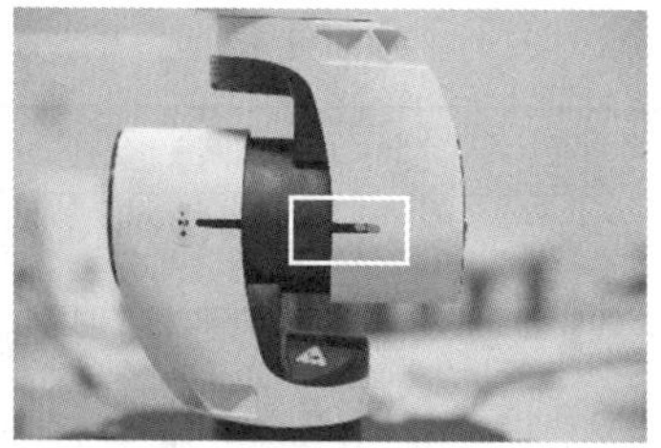
（b）2 轴

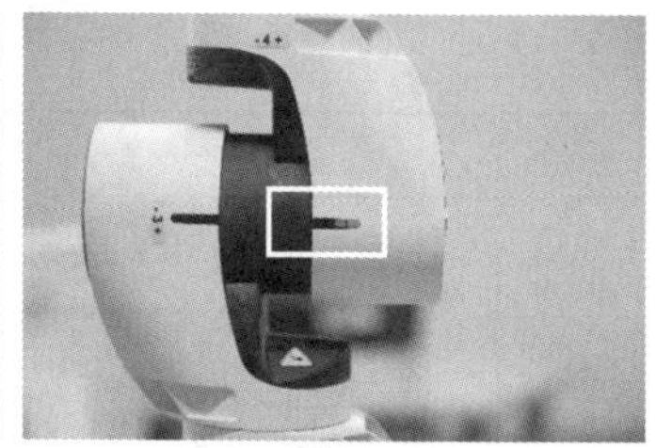
（c）3 轴

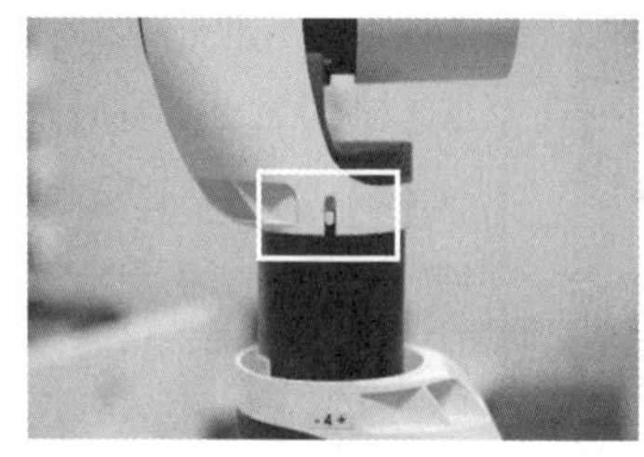
（d）4 轴

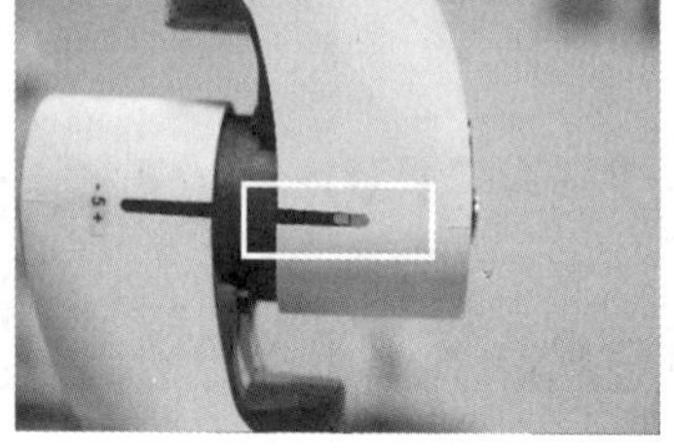
（e）5 轴

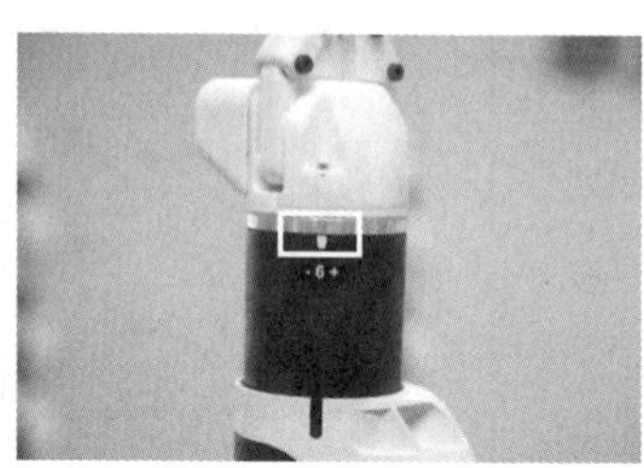
（f）6 轴

图 4.3　1～6 轴校准标准位

零点校准的具体步骤见表 4.4。

表 4.4　零点校准步骤

序号	图片示例	操作步骤
1		机器人自动运行结束之后，进入零点校准界面，点击【J1○】，进入 J1 轴校准界面

续表 4.4

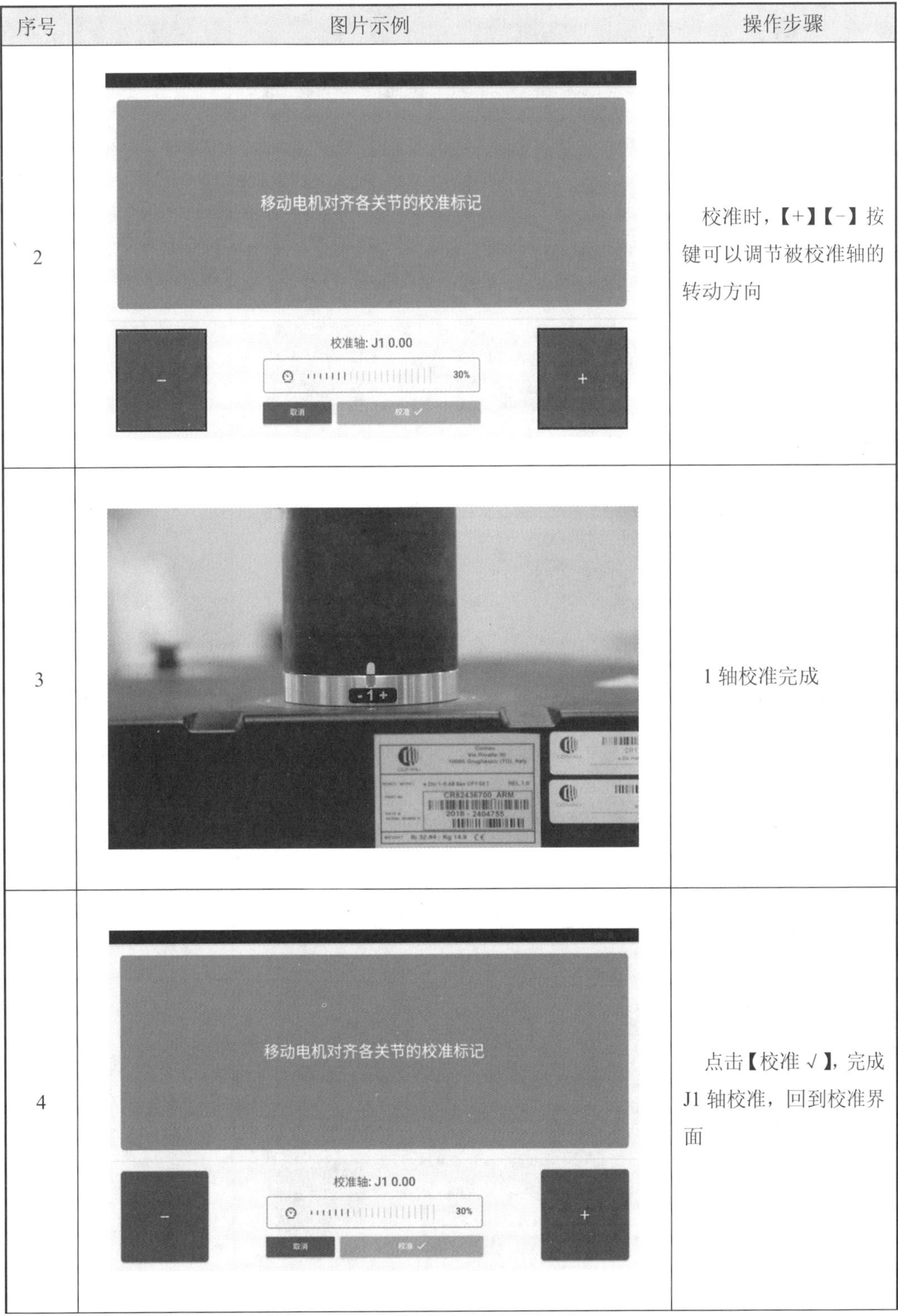

序号	图片示例	操作步骤
2		校准时，【+】【-】按键可以调节被校准轴的转动方向
3		1 轴校准完成
4		点击【校准 √】，完成 J1 轴校准，回到校准界面

续表 4.4

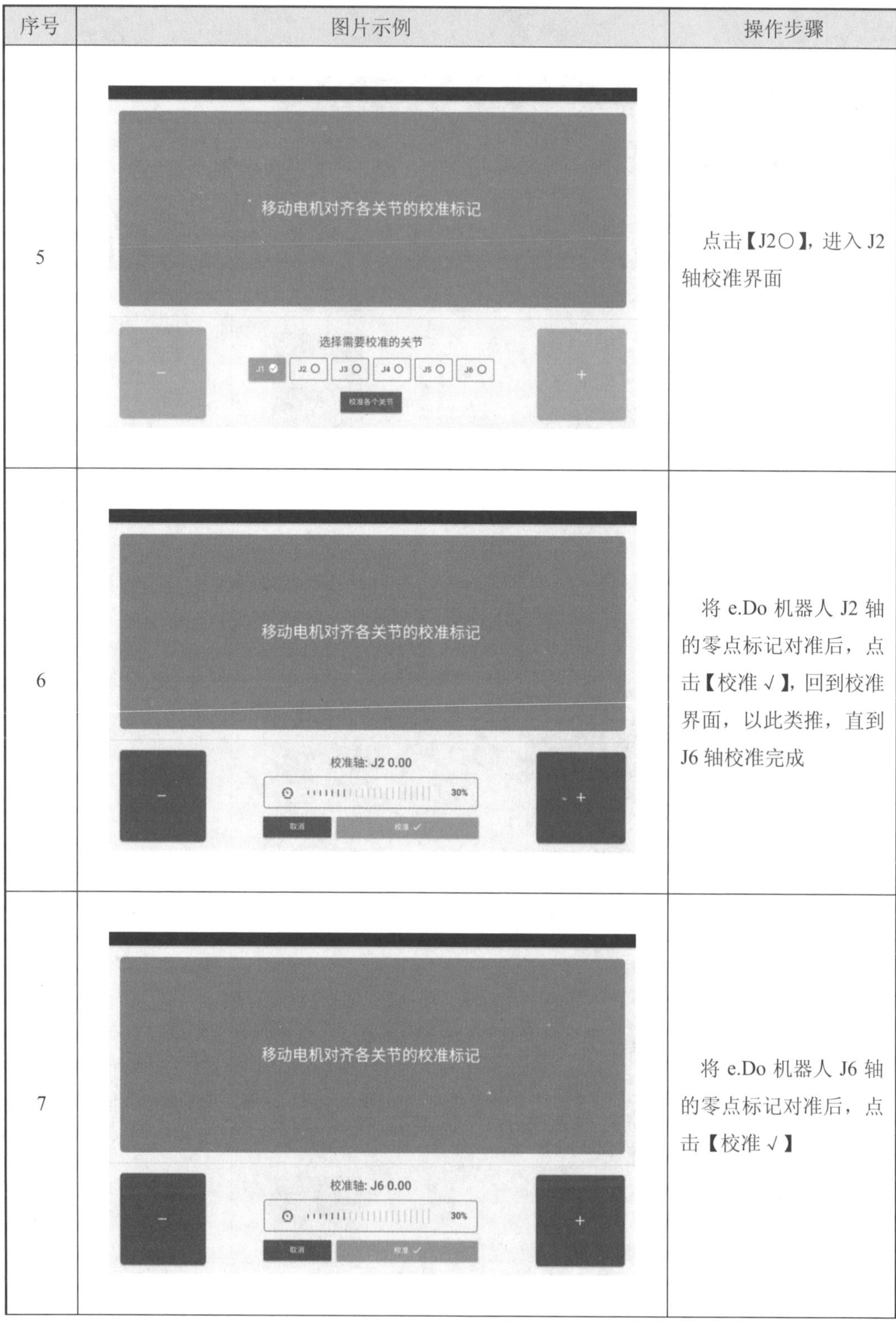

序号	图片示例	操作步骤
5		点击【J2○】，进入 J2 轴校准界面
6		将 e.Do 机器人 J2 轴的零点标记对准后，点击【校准 √】，回到校准界面，以此类推，直到 J6 轴校准完成
7		将 e.Do 机器人 J6 轴的零点标记对准后，点击【校准 √】

续表 4.4

序号	图片示例	操作步骤
8		弹出“Calibration completed”对话框，点击【CLOSE】完成校准

4.3.3　断开连接

App 与机器人在成功建立连接后，可以在相应界面的提示下进行断开连接操作，具体步骤见表 4.5。

表 4.5　断开连接的操作步骤

序号	图片示例	操作步骤
1	菜单 主业 e.DO 主业 Waypoints 模块化 校准 Plugins 曲线 点 选择 货物 物流 断开连接 使用下示操作开始移动e.DO 笛卡尔坐标　关节　输入 1.02 mm 100% HOME	在菜单栏中点击“断开连接”

续表 4.5

序号	图片示例	操作步骤
2		弹出“断开连接”对话框，点击【断开连接】之前需要确认 e.Do 机器人臂是否恢复为直立状态，如果没有恢复为直立状态，则需点击【CANCEL】
3		回到主页界面，长按【HOME】使 e.Do 机器人臂恢复为直立状态（直立状态是让 e.Do 机器人垂直立起来）
4		重新在菜单栏中点击“断开连接”，弹出“断开连接”对话框，点击【断开连接】，回到连接界面，断开连接完成

断开连接后，操作界面跳回到连接界面；再次连接，界面会跳回到操作断开连接界面，无需多余配置步骤。

思考题

1. e.Do 机器人 App 是怎样下载的？
2. 平板电脑可以通过什么方式与 e.Do 机器人建立连接？
3. 平板电脑在与 e.Do 机器人建立连接后，App 怎样与机器人协同配置？
4. 从 e.Do 机器人启动开始，到最后校准成功进入 App 主页界面，具体怎样操作？

第 5 章　智能机器人软件认知

上一章我们详细介绍了 e.Do 机器人连接操作，这一章本书将对 e.Do 机器人的操作 App 进行详细介绍，e.DoApp 是基于 Android 操作系统的软件，安装于平板电脑上，用于 e.Do 机器人的人机交互，可以进行机器人的手动操作、程序编写、参数配置修改及插件安装。

5.1　软件界面

❋ 软件画面

5.1.1　软件主页

主页界面是在 App 与机器人连接，并启动和配置成功后出现的界面，如图 5.1 所示。

图 5.1　主页界面

主页界面各部分说明见表 5.1。

表 5.1　主页界面各部分说明

序号	图　例	说　明
1		**菜单栏:**显示机器人各个功能主菜单界面
2	 主业	**界面名称:** 显示界面名称
3		**信号指示灯:**在主页界面，显示平板电脑与机器人信号连接的强弱，绿色代表信号强；白色代表信号中等；红色代表信号弱
4		**急停按钮:**紧急停止按钮，停止机器人运动
5	 使用下示操作开始移动e.DO	**提示窗口:**每个界面提示信息不同，请认真阅读提示信息后，再进行操作
6	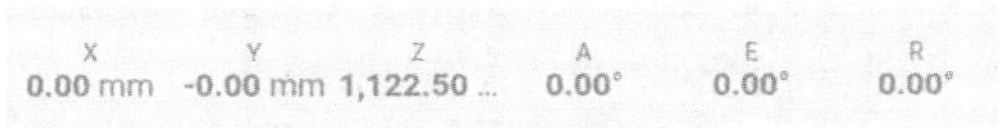 X 0.00 mm　Y -0.00 mm　Z 1,122.50 ...　A 0.00°　E 0.00°　R 0.00°	**笛卡尔坐标:** 显示当前 e.Do 机器人臂末端位置的笛卡尔坐标值。“X、Y、Z”代表空间点坐标，“A、E、R”代表在空间点处的旋转度
7	 J1 0.00°　J2 0.00°　J3 0.00°　J4 0.00°　J5 0.00°　J6 0.00°　J7 2.25 mm	**关节坐标:** e.Do 机器人臂运动时，各轴角度变化，“J1、J2、J3、J4、J5、J6”是相应轴的名称，“J7”代表夹爪张开的大小
8	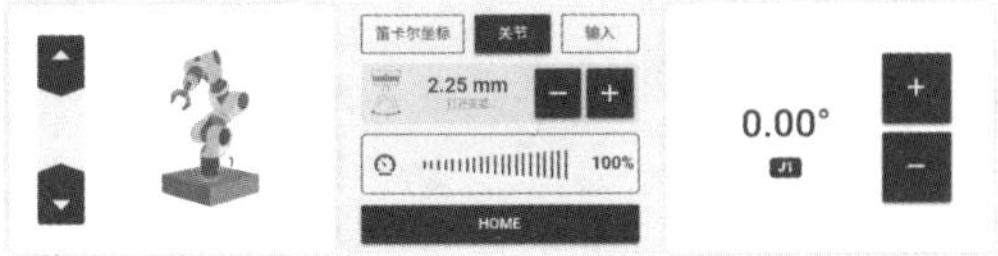 笛卡尔坐标　关节　输入　2.25 mm　100%　HOME　0.00°　J1	**基本操作:** e.Do 机器人进行基本操作

5.1.2　软件主菜单

菜单栏隐藏在屏幕左侧，通过点击☰弹出菜单栏，菜单栏界面如图 5.2 所示。菜单栏各部分说明见表 5.2。

图 5.2　菜单栏界面

表 5.2　菜单栏各部分说明

序号	图　例	说　明
1	主业	用于进入主页界面
2	Waypoints	用于机器人基础编程
3	模块化	用于机器人图形化编程
4	校准	用于对机器人关节进行校准
5	Plugins 曲线 点 选择 货物 物流 T-Blocks	用于机器人扩展插件应用，增强机器人功能
6	设定	用于基本配置
7	关于	用于查看机器人版本信息
8	断开连接	用于断开 App 与机器人的连接

5.2　校准

❋ 校准

e.Do 机器人每次启动时都会出现一些误差，这些误差会导致之前保存好的程序在二次启动后，夹取位出现偏离。e.Do 机器人每次启动，且平板电脑与机器人成功建立连接后，App 均会进入零点校准界面。机器人每次校准会大幅度减小误差。

5.2.1　界面介绍

菜单栏中选择“校准”功能可以对机器人进行重新校准。校准界面如图 5.3 所示。

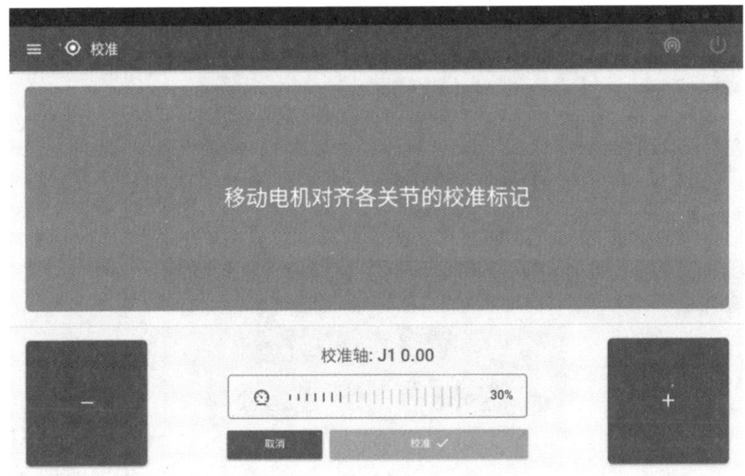

图 5.3　校准界面

校准功能各部分操作说明见表 5.3。

表 5.3　校准功能各部分操作说明

序号	图片示例	操作说明
1	校准轴: J1 0.00	轴名称：展示所校准轴的名称
2	30%	运行速度调节选项：校准时，调节被校准轴的转动速度
3	–　+	关节轴转动按钮：校准时，调节校准轴的转动

5.2.2 校准步骤

详细校准操作步骤见表 5.4。

表 5.4 机器人重新校准步骤

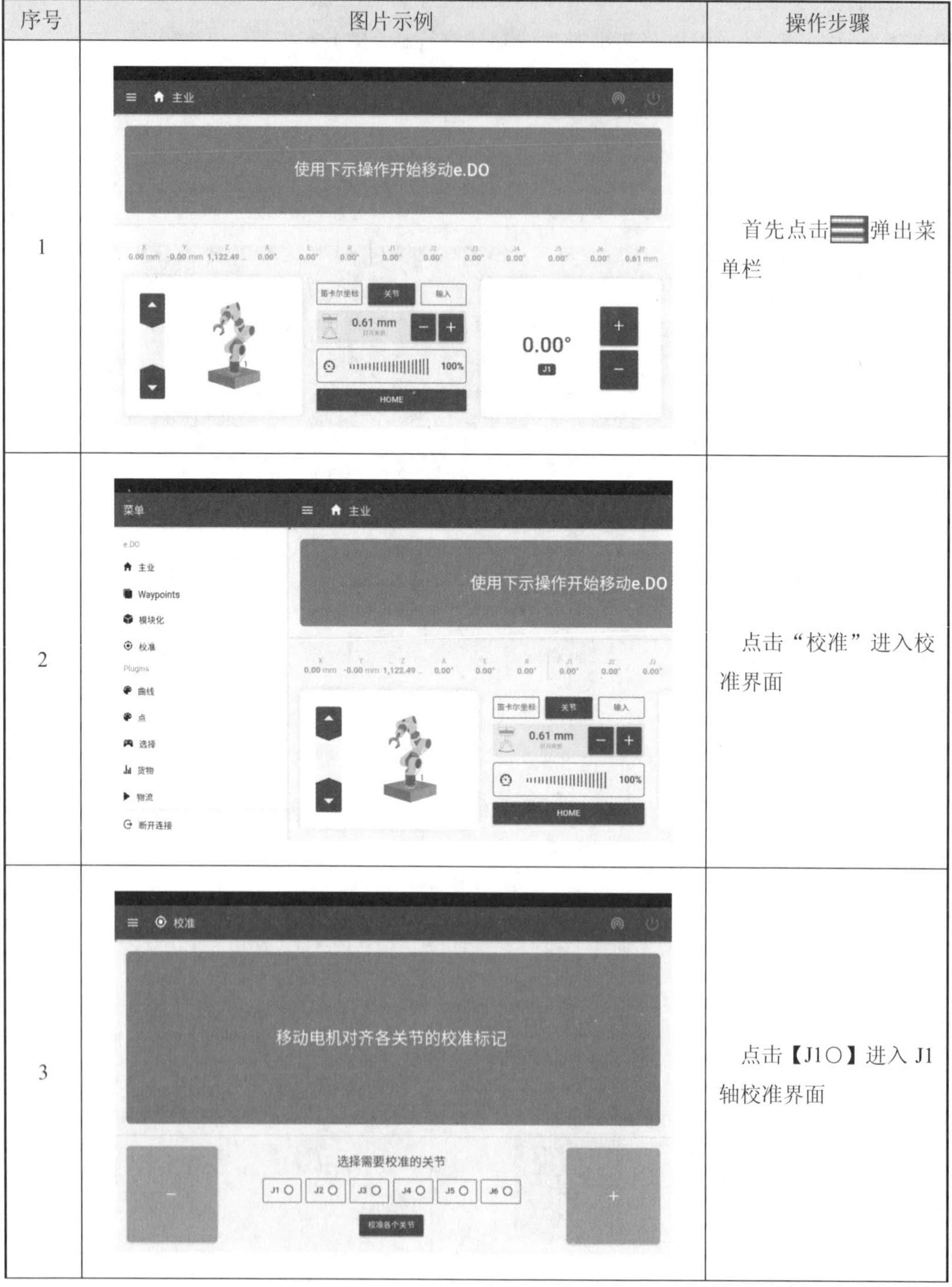

序号	图片示例	操作步骤
1		首先点击☰弹出菜单栏
2		点击“校准”进入校准界面
3		点击【J1○】进入 J1 轴校准界面

续表 5.4

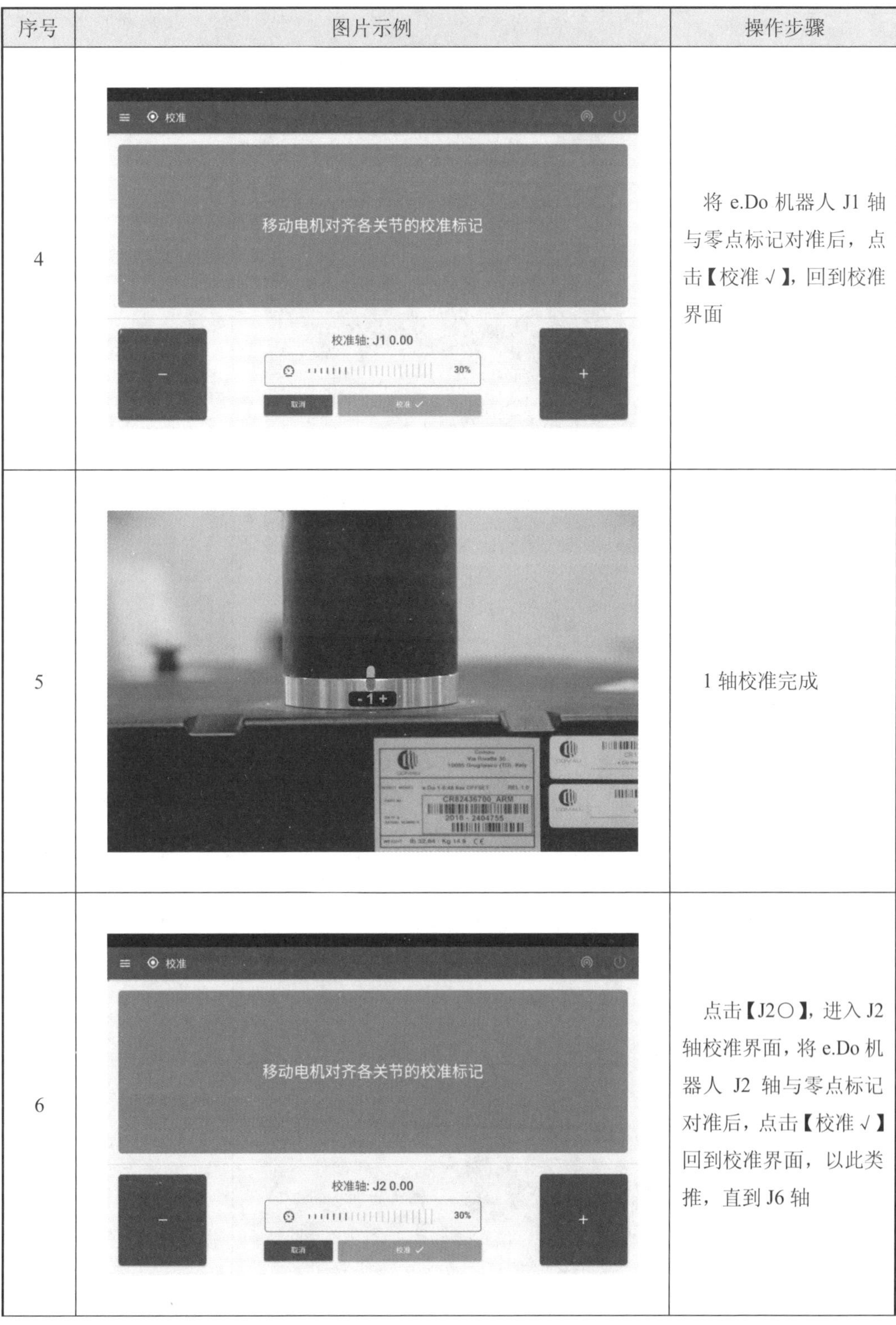

序号	图片示例	操作步骤
4		将 e.Do 机器人 J1 轴与零点标记对准后，点击【校准√】，回到校准界面
5		1 轴校准完成
6		点击【J2○】，进入 J2 轴校准界面，将 e.Do 机器人 J2 轴与零点标记对准后，点击【校准√】回到校准界面，以此类推，直到 J6 轴

续表 5.4

序号	图片示例	操作步骤
7	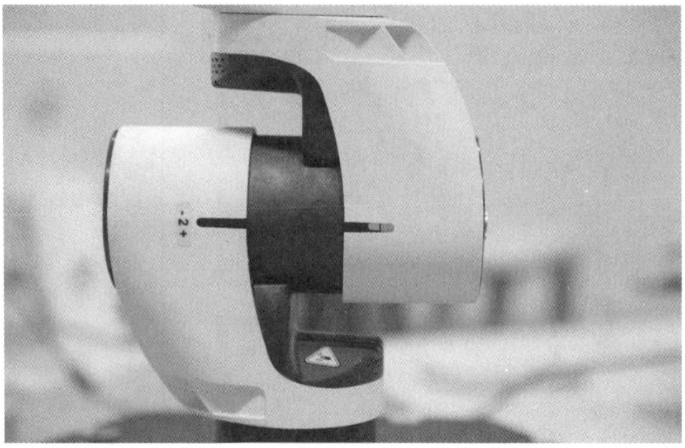	2 轴校准完成
8	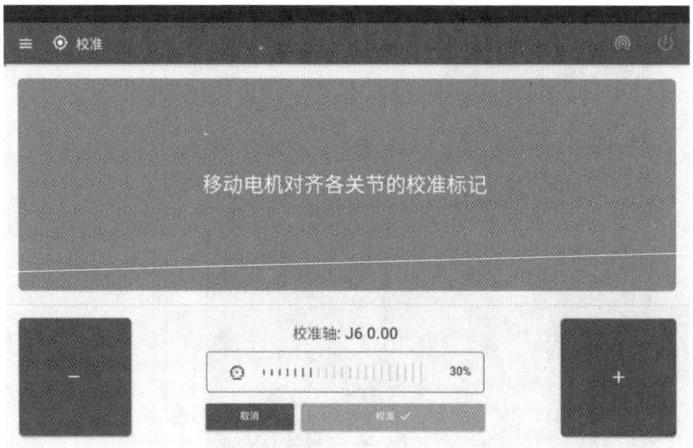	将 e.Do 机器人 J6 轴与零点标记对准后，点击【校准 √】
9		6 轴校准完成

续表 5.4

序号	图片示例	操作步骤
10		在关节全部校准完成后，界面不会自动跳转到主页界面，退出校准功能时需要手动点击菜单栏进行退出
11	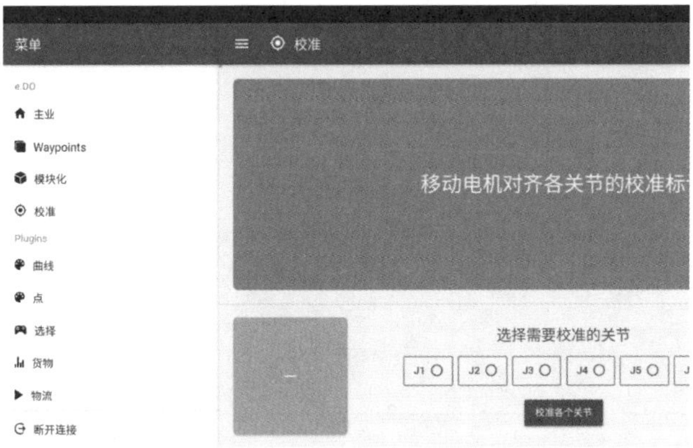	点击左上角唤出菜单栏，点击其余选项退出校准界面

5.3　设定

※ 设定

在“设定”功能中，可以对 App 和机器人进行配置修改，具体操作说明如下。

5.3.1　Network settings

在“设定”功能中，Network settings 操作的具体步骤见表 5.5。

表 5.5　Network settings 操作步骤

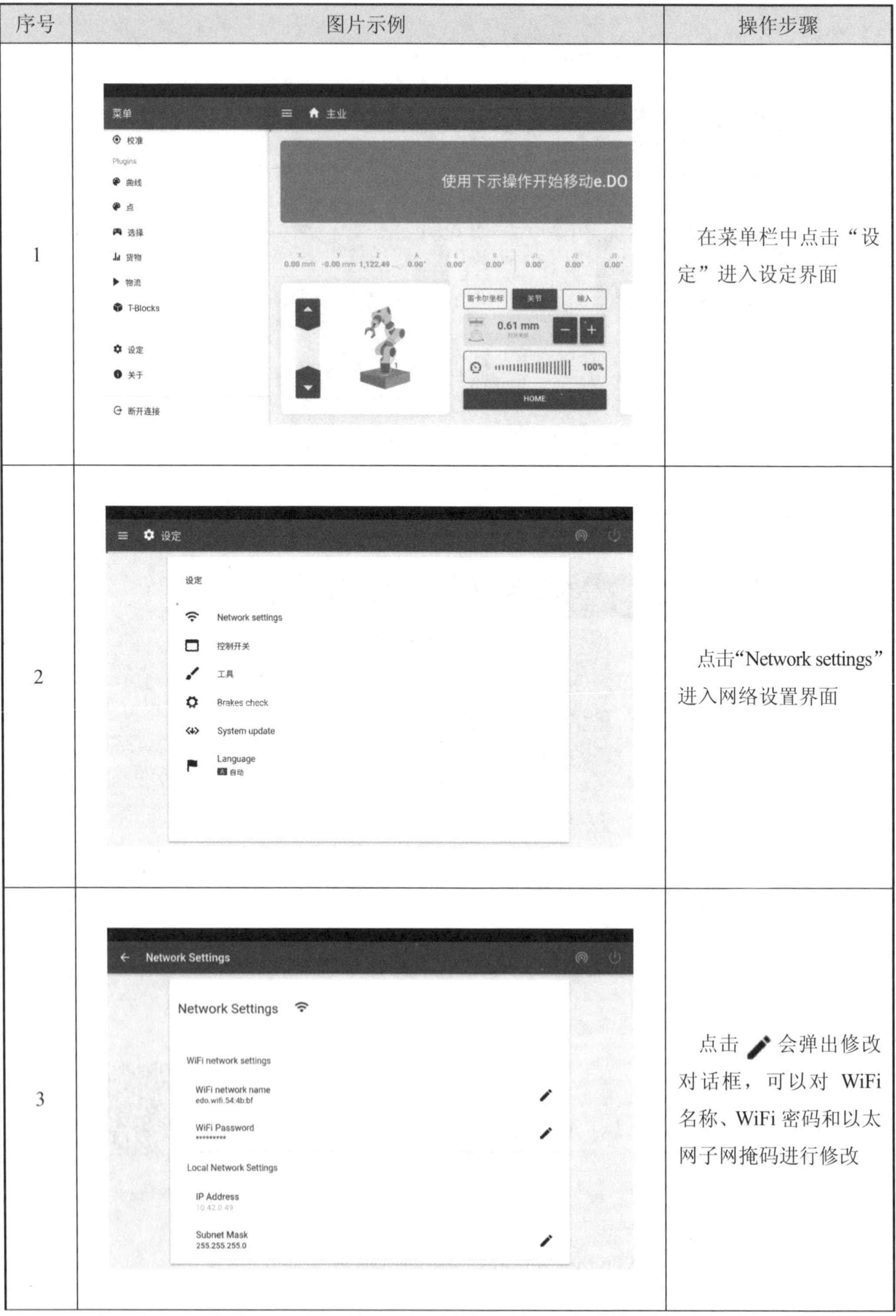

序号	图片示例	操作步骤
1		在菜单栏中点击“设定”进入设定界面
2		点击“Network settings”进入网络设置界面
3		点击 ✎ 会弹出修改对话框，可以对 WiFi 名称、WiFi 密码和以太网子网掩码进行修改

续表 5.5

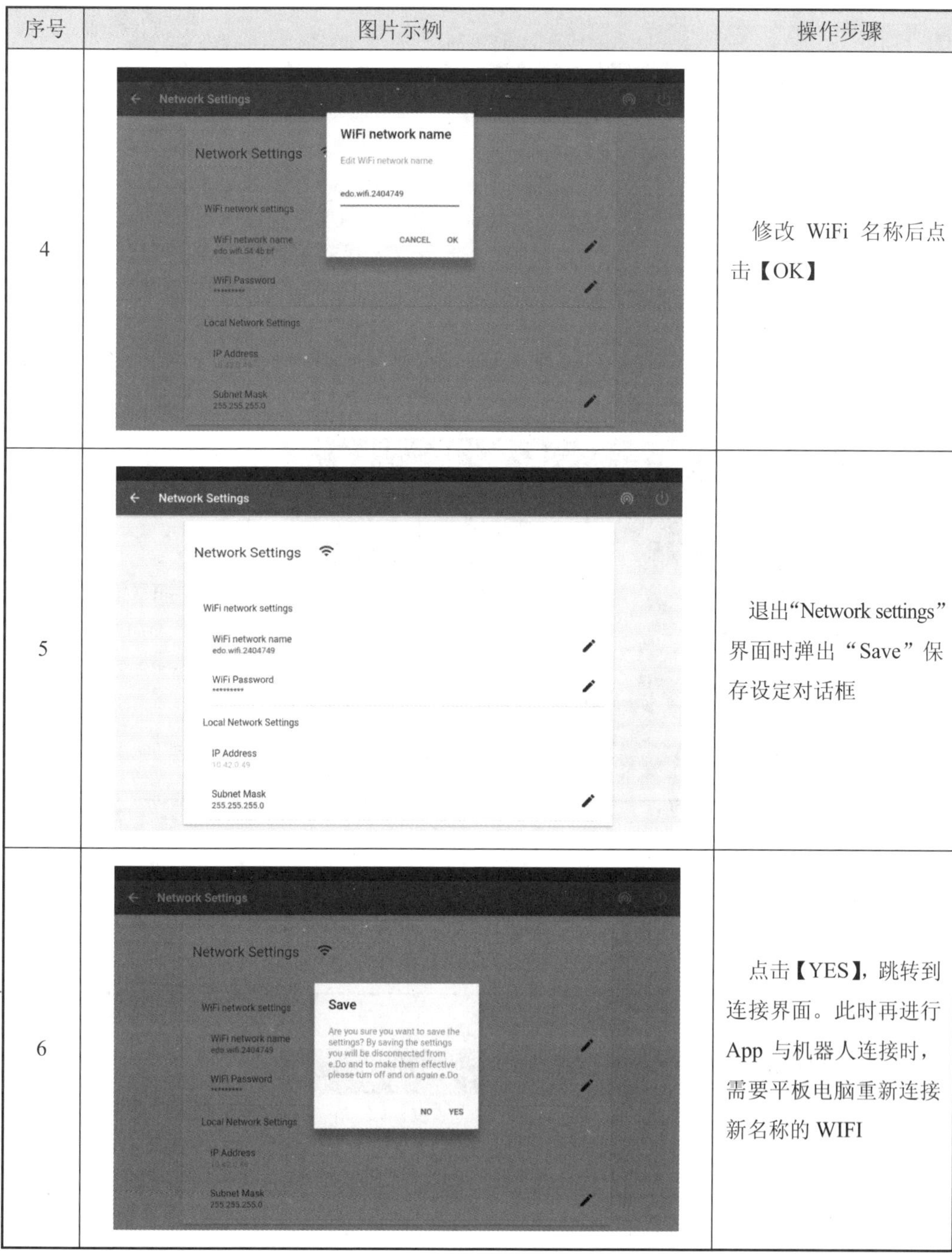

序号	图片示例	操作步骤
4		修改 WiFi 名称后点击【OK】
5		退出“Network settings”界面时弹出“Save”保存设定对话框
6		点击【YES】，跳转到连接界面。此时再进行 App 与机器人连接时，需要平板电脑重新连接新名称的 WIFI

5.3.2 控制开关

在“设定”功能中，控制开关操作的具体步骤见表 5.6。

表 5.6　控制开关操作步骤

序号	图片示例	操作步骤
1	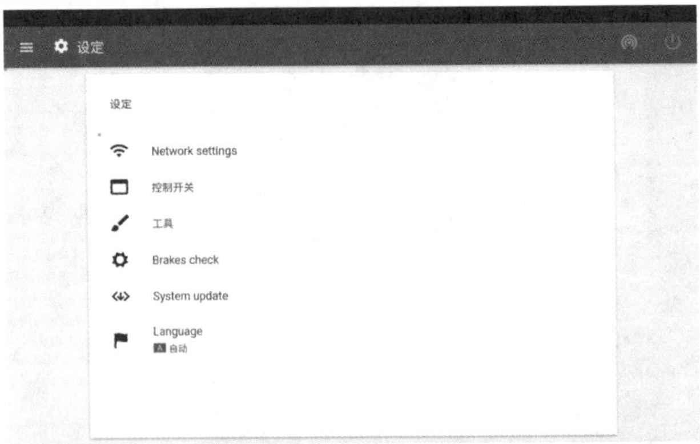	点击“控制开关”
2	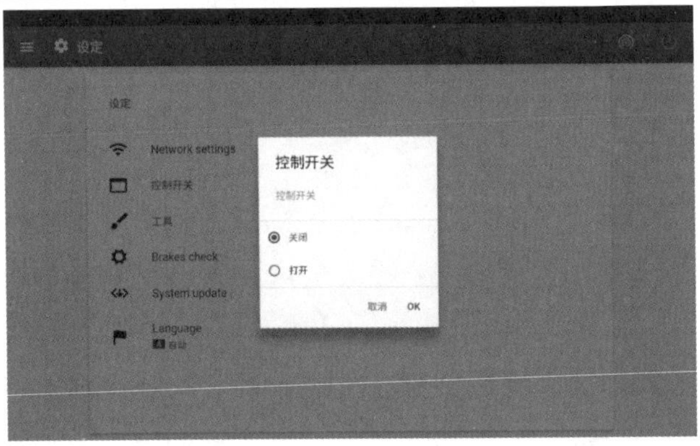	控制开关一般默认设定为“关闭”

5. 3. 3　Brakes check

在“设定”功能中，Brakes check 操作的具体步骤见表 5.7。

表 5.7　Brakes check 操作步骤

序号	图片示例	操作步骤
1	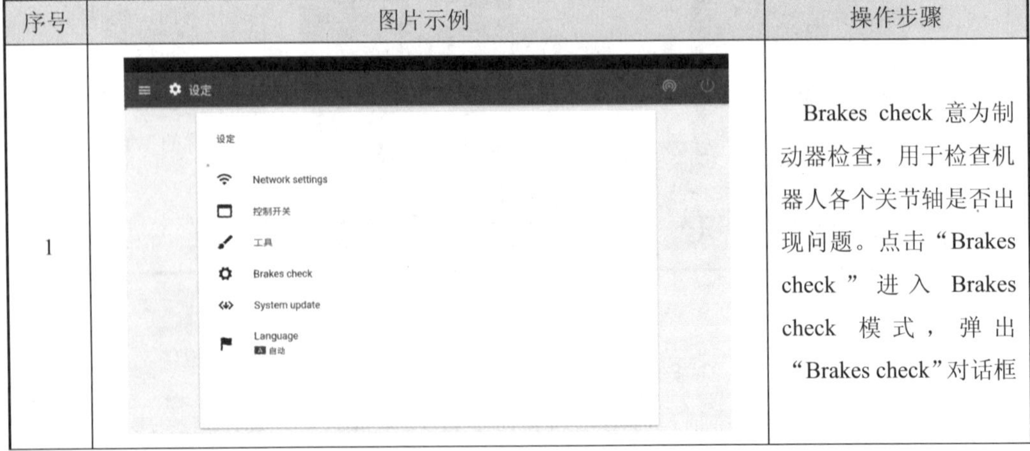	Brakes check 意为制动器检查，用于检查机器人各个关节轴是否出现问题。点击“Brakes check”进入 Brakes check 模式，弹出“Brakes check”对话框

续表 5.7

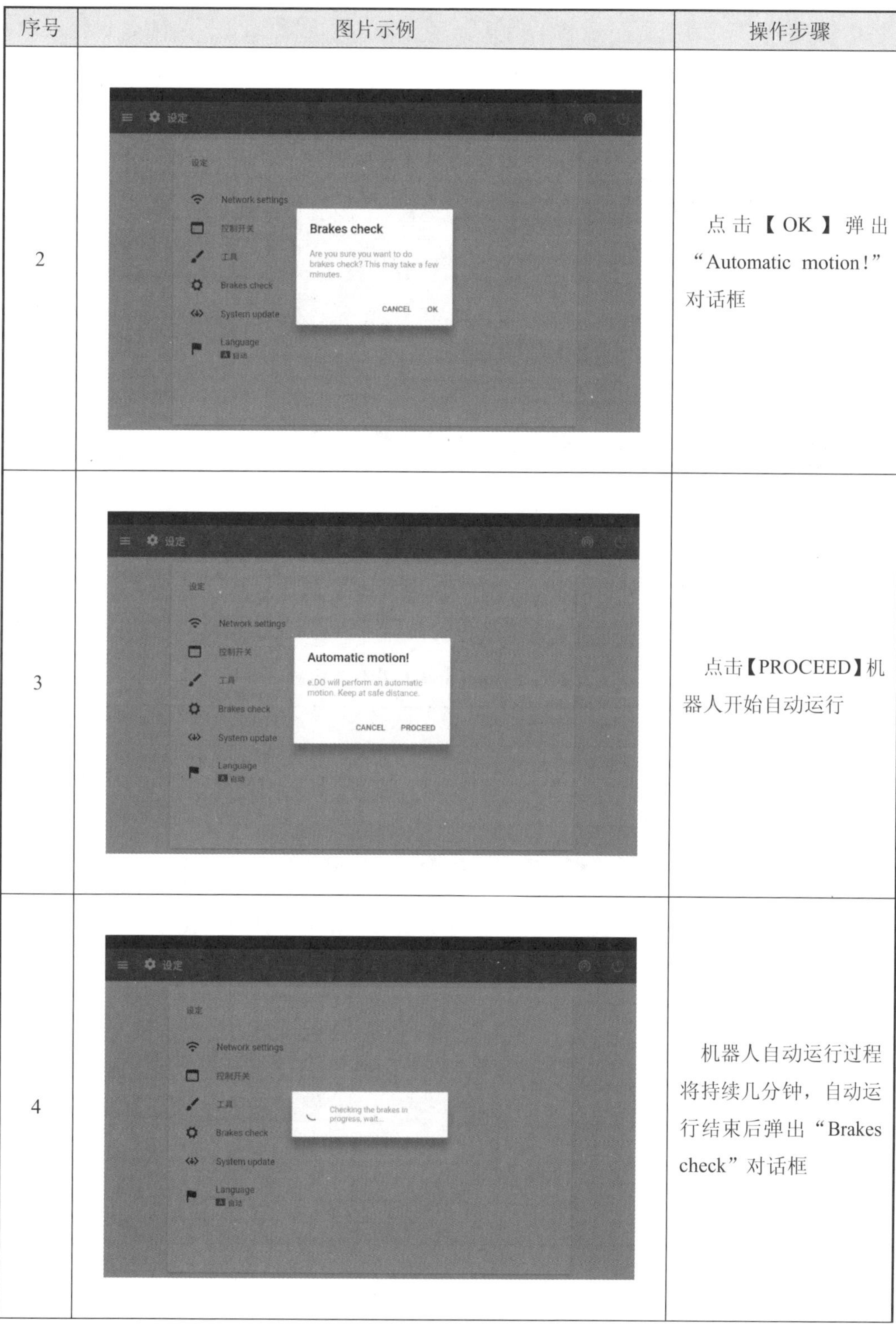

序号	图片示例	操作步骤
2		点击【OK】弹出“Automatic motion!”对话框
3		点击【PROCEED】机器人开始自动运行
4		机器人自动运行过程将持续几分钟，自动运行结束后弹出“Brakes check”对话框

续表 5.7

序号	图片示例	操作步骤
5	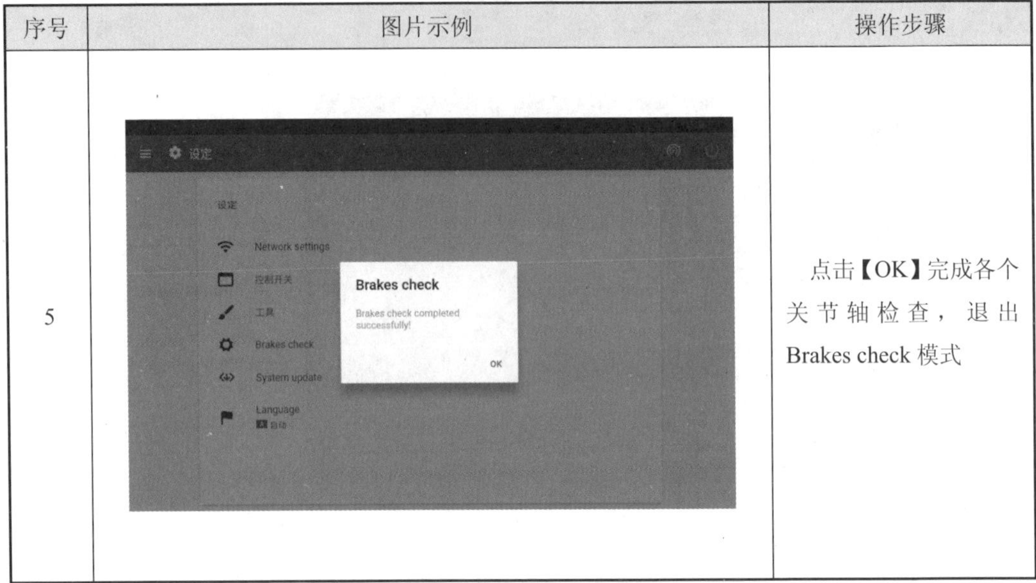	点击【OK】完成各个关节轴检查，退出 Brakes check 模式

5. 3. 4 System update

在“设定”功能中，System update 操作的具体步骤见表 5.8。

表 5.8 System update 操作步骤

序号	图片示例	操作步骤
1		点击“System update”进入系统升级模式

续表 5.8

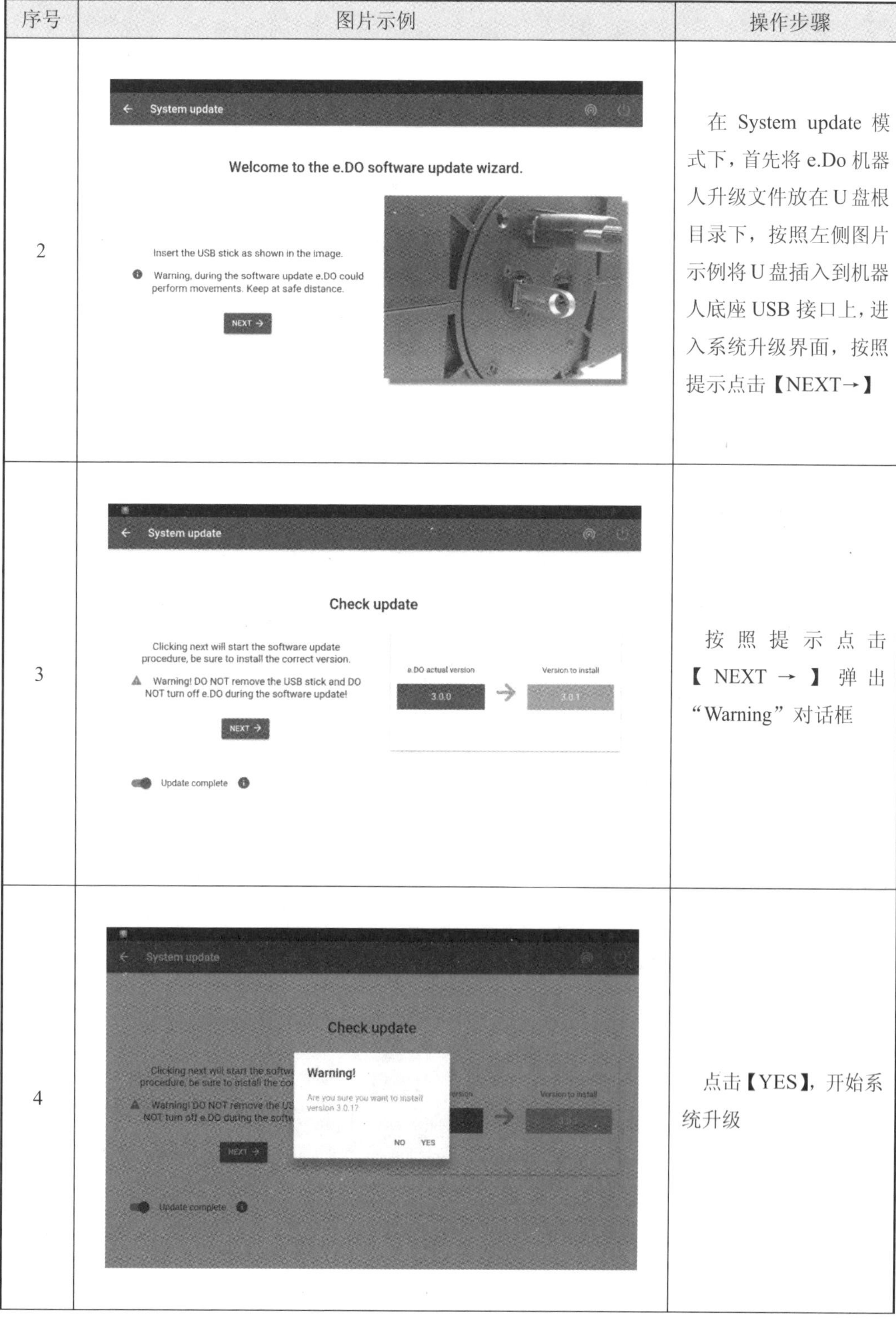

序号	图片示例	操作步骤
2	System update Welcome to the e.DO software update wizard. Insert the USB stick as shown in the image. Warning, during the software update e.DO could perform movements. Keep at safe distance. NEXT →	在 System update 模式下，首先将 e.Do 机器人升级文件放在 U 盘根目录下，按照左侧图片示例将 U 盘插入到机器人底座 USB 接口上，进入系统升级界面，按照提示点击【NEXT→】
3	System update Check update Clicking next will start the software update procedure, be sure to install the correct version. Warning! DO NOT remove the USB stick and DO NOT turn off e.DO during the software update! NEXT → Update complete e.DO actual version 3.0.0 → Version to install 3.0.1	按照提示点击【NEXT→】弹出“Warning”对话框
4	System update Check update Warning! Are you sure you want to install version 3.0.1? NO　YES Update complete	点击【YES】，开始系统升级

续表 5.8

序号	图片示例	操作步骤
5	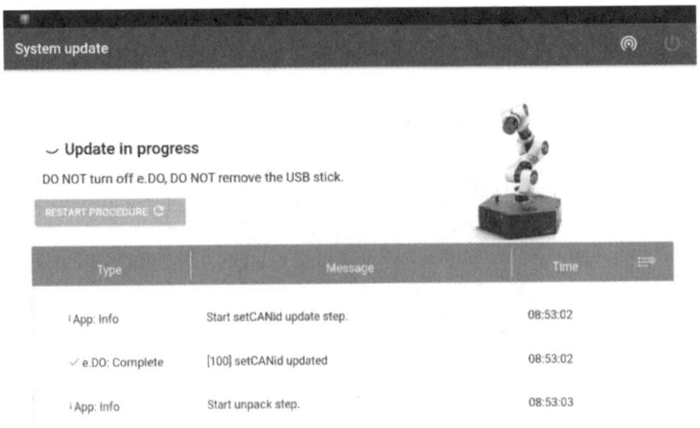	等待 10～15 min
6	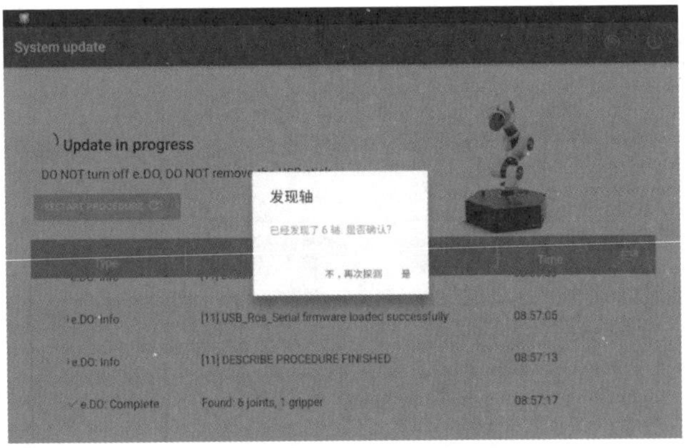	根据实际机器人轴的数量，在对话框“发现轴”中进行选择，点击【是】，等待 5 min
7	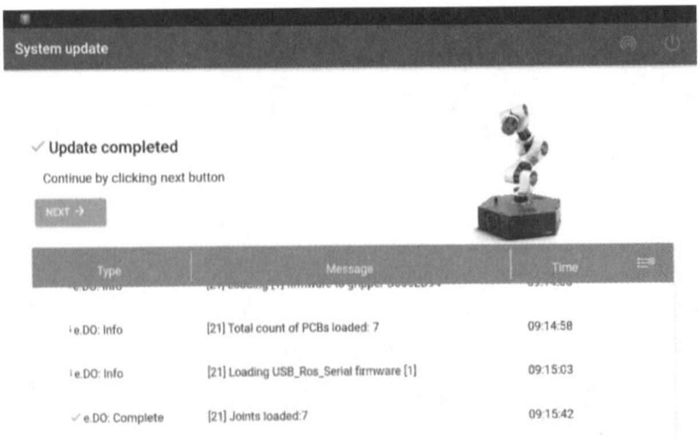	系统升级完毕，点击【NEXT→】继续

续表 5.8

序号	图片示例	操作步骤
8	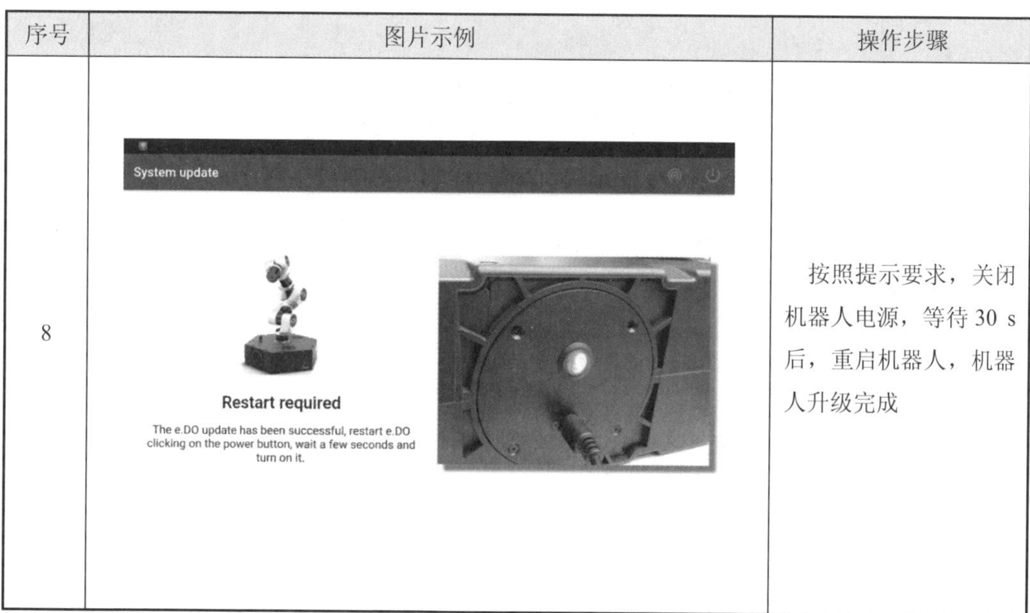	按照提示要求，关闭机器人电源，等待 30 s 后，重启机器人，机器人升级完成

5.3.5　语言

在“设定”功能中，语言功能操作的具体步骤见表 5.9。

表 5.9　语言功能操作步骤

序号	图片示例	操作步骤
1	设定 设定 Network settings 控制开关 工具 Brakes check System update Language 自动	点击“Language”

续表 5.9

序号	图片示例	操作步骤
2	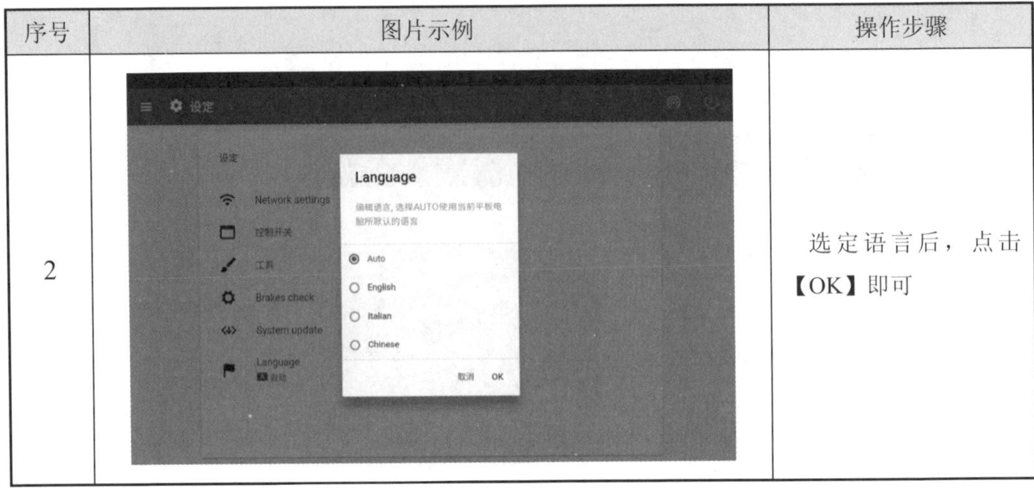	选定语言后，点击【OK】即可

5.4 智能机器人版本信息

在功能中显示 e.Do 机器人的硬件版本信息如图 5.4 所示。

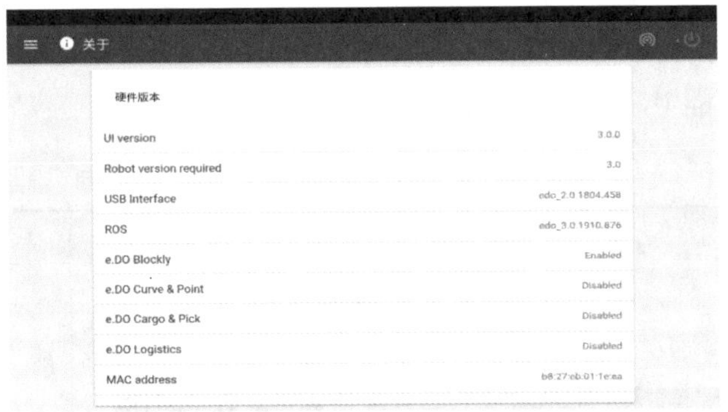

（a）

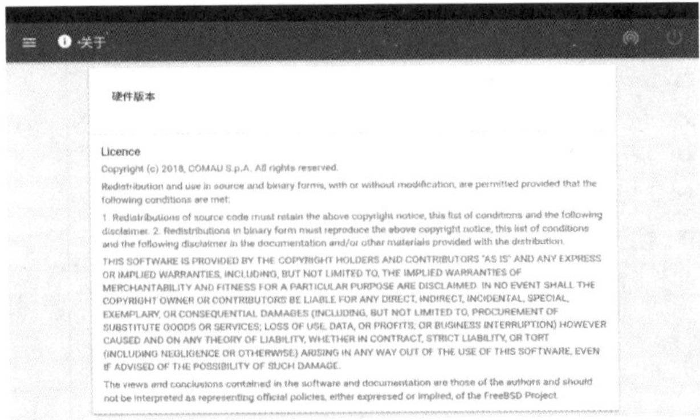

（b）

图 5.4　e.Do 机器人的硬件版本信息

思考题

1. 机器人 App 主页上有哪些功能？
2. 菜单栏都有哪些功能？
3. 怎样修改 App 与机器人的连接地址和 WIFI 密码？

第 6 章 智能机器人操作

在前几章的关于平板电脑与 e.Do 机器人的连接配置介绍基础上，本章主要介绍智能机器人的基本操作。

6.1 智能机器人动作模式

※ 智能机器人动作模式

动作模式用于设定手动操纵时机器人的运动方式，动作模式分为 2 种，具体见表 6.1。

表 6.1 动作模式的分类

序号	图 例	说 明
1		**关节运动**：用于控制机器人各轴单独运动，方便调整机器人的位姿
2	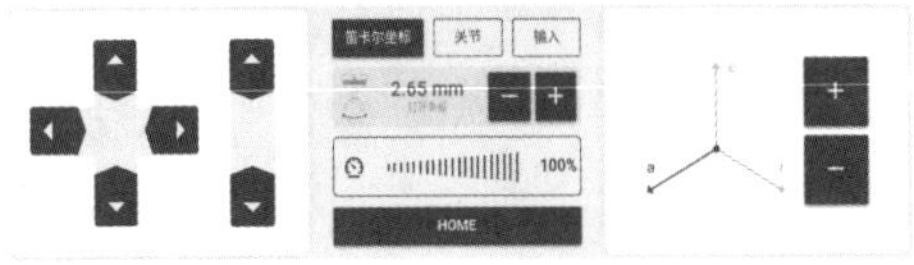	**线性运动**：用于控制机器人在固定的坐标系空间中进行直线运动，便于调整机器人的位置

6.2 智能机器人操作方式

输入方式用于设定手动操纵时机器人的操作方式，输入方式分为点动式和赋值式 2 种，具体见表 6.2。

表 6.2 输入方式的分类

序号	图 例	说 明
1		点动式关节运动
	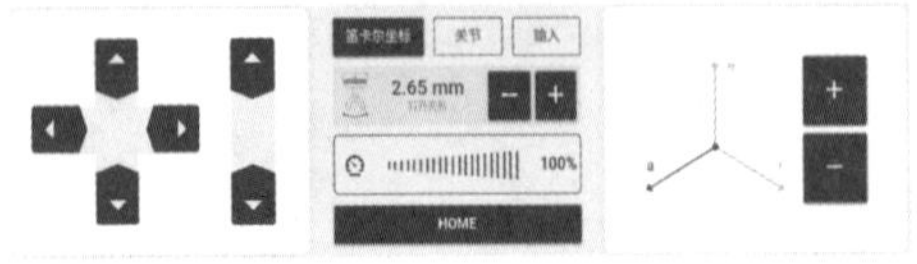	点动式线性运动

续表 6.2

序号	图　　例	说　　明
2		赋值式关节运动
		赋值式线性运动

6. 2. 1　点动式关节运动

点动式关节运动的操作界面如图 6.1 所示。

图 6.1　点动式关节运动界面

点动式关节运动的各部分说明见表 6.3。

表 6.3　点动式关节运动的各部分说明

序号	图　　例	说　　明
1	笛卡尔坐标　关节　输入	**操作模式选项：**可以选择操作模式，现在模式为关节运动

续表 6.3

序号	图　例	说　明
2	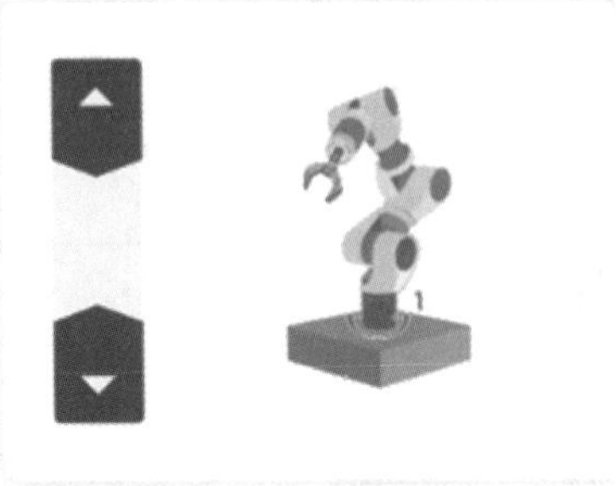	**关节轴选择按钮**：点击▲/▼可选择需要调节角度的轴，被选定的轴在图片上会被标记为蓝色
3	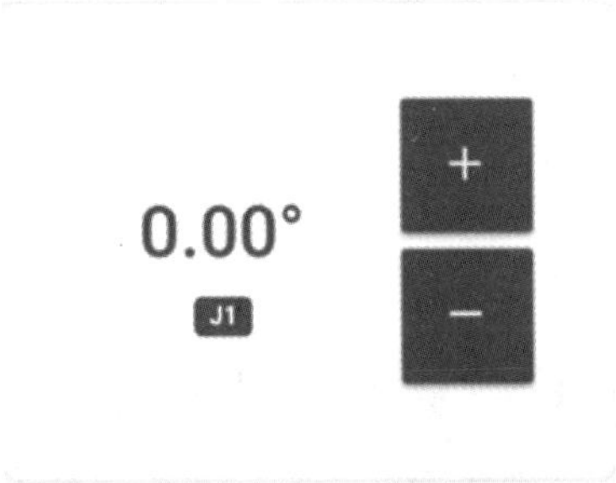 0.00° J1 + −	**关节轴转动按钮**：点击+/−可以改变被选定轴的旋转角度
4	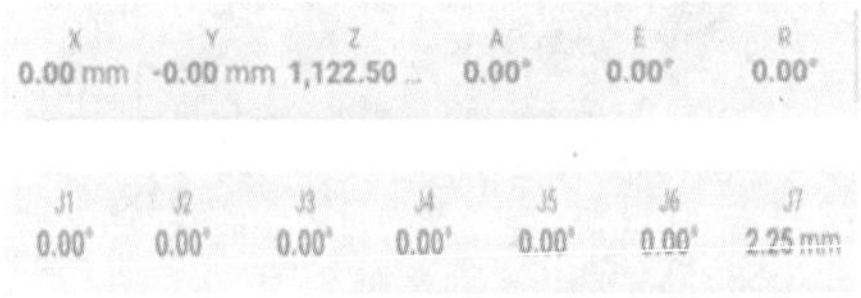 X 0.00 mm　Y -0.00 mm　Z 1,122.50 ...　A 0.00°　E 0.00°　R 0.00° J1 0.00°　J2 0.00°　J3 0.00°　J4 0.00°　J5 0.00°　J6 0.00°　J7 2.25 mm	**坐标系展示栏**：展示机械臂末端的笛卡尔坐标系和关节坐标系
5	 0.61 mm 打开夹抓 − +	**夹爪控制按钮**：安装夹爪后，会出现该部分界面，点击【+】会打开夹爪；没有安装夹爪无该部分界面
6	 100%	**运行速度调节选项**：调节 e.Do 机器人运动速度
7	 HOME	**零点标准位**：长按【HOME】键可以使机械臂回到上次校准位

6.2.2　点动式线性运动

点动式线性运动的操作界面如图 6.2 所示。

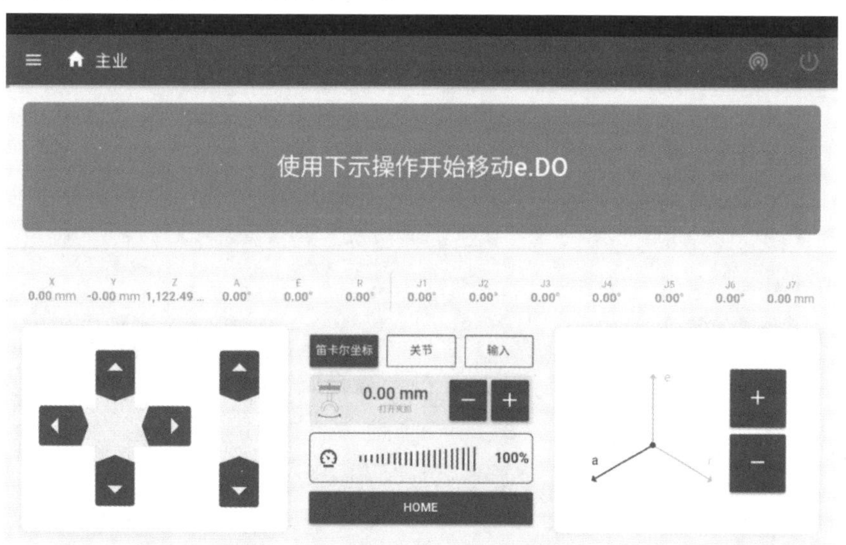

图 6.2　点动式线性运动界面

点动式线性运动的各部分说明见表 6.4。

表 6.4　点动式线性运动各部分说明

序号	图　例	说　明
1		**方向按钮：** 控制 e.Do 机器人臂末端在运动范围内的空间中进行左、右、前、后、上、下的线性运动
2		**旋转轴选项：** 使 e.Do 机器人臂末端按照旋转轴所对应的空间坐标系的轴进行顺时针或逆时针旋转（a、e、r 分别代表 X、Y、Z 轴）。点击字母 a、r、e，可以选择旋转轴
3		**夹爪控制按钮：** 在线性运动模式下，操作机器人夹爪开合，机械臂进行线性运动

6.2.3 赋值输入方式

赋值输入方式的操作界面如图 6.3 所示。

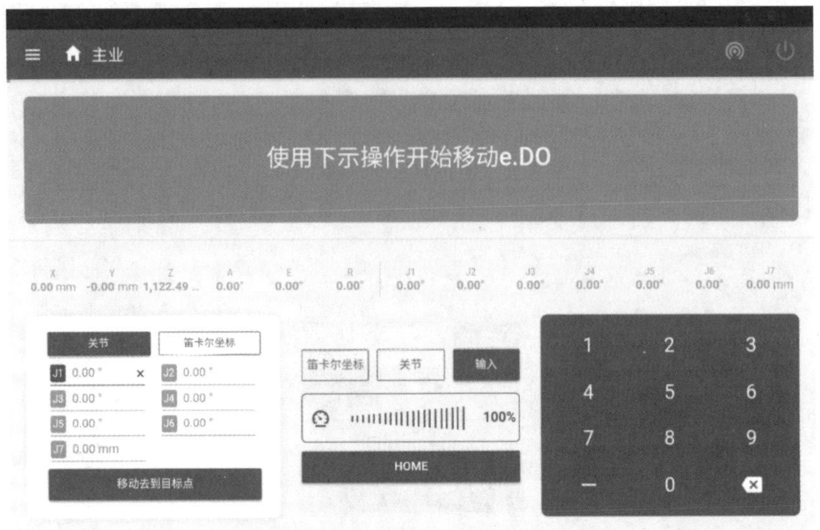

图 6.3 赋值输入方式操作界面

赋值输入方式的各部分说明见表 6.5。

表 6.5 赋值输入方式的各部分说明

序号	图 例	说 明
1	关节 笛卡尔坐标	**动作模式**：选择运动方式
2	J1 0.00 ° × J2 0.00 ° J3 0.00 ° J4 0.00 ° J5 0.00 ° J6 0.00 ° J7 0.00 mm	**轴/坐标点**：选择轴或坐标点
3	移动去到目标点	**运动按钮**：长按运动按钮，机械臂移动到坐标点
4	1 2 3 4 5 6 7 8 9 — 0	**数字键盘**：输入数值

6.3　操作实例：物料抓取

❋ 操作实例

本实例使用数学运算模块，以机器人抓取数学运算模块上的标有数字“1”的物料块为例，演示 e.Do 机器人的基本操作。

路径规划：物料块上方 P110→物料块正上方 P120→抓取物料位 P130→提起物料位 P120→放下物料位 P130，如图 6.4 所示。

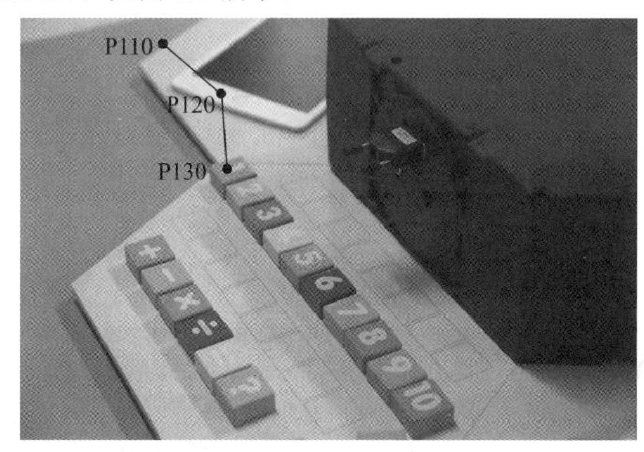

图 6.4　基本操作路径规划

操作前准备：

（1）安装数学运算模块。

（2）检查机器人是否在零点校准位。

（3）机器人操作界面为基本操作界面。

物料抓取实例操作步骤见表 6.6。

表 6.6　物料抓取实例操作步骤

序号	图片示例	操作步骤
1		进入主页界面

续表 6.6

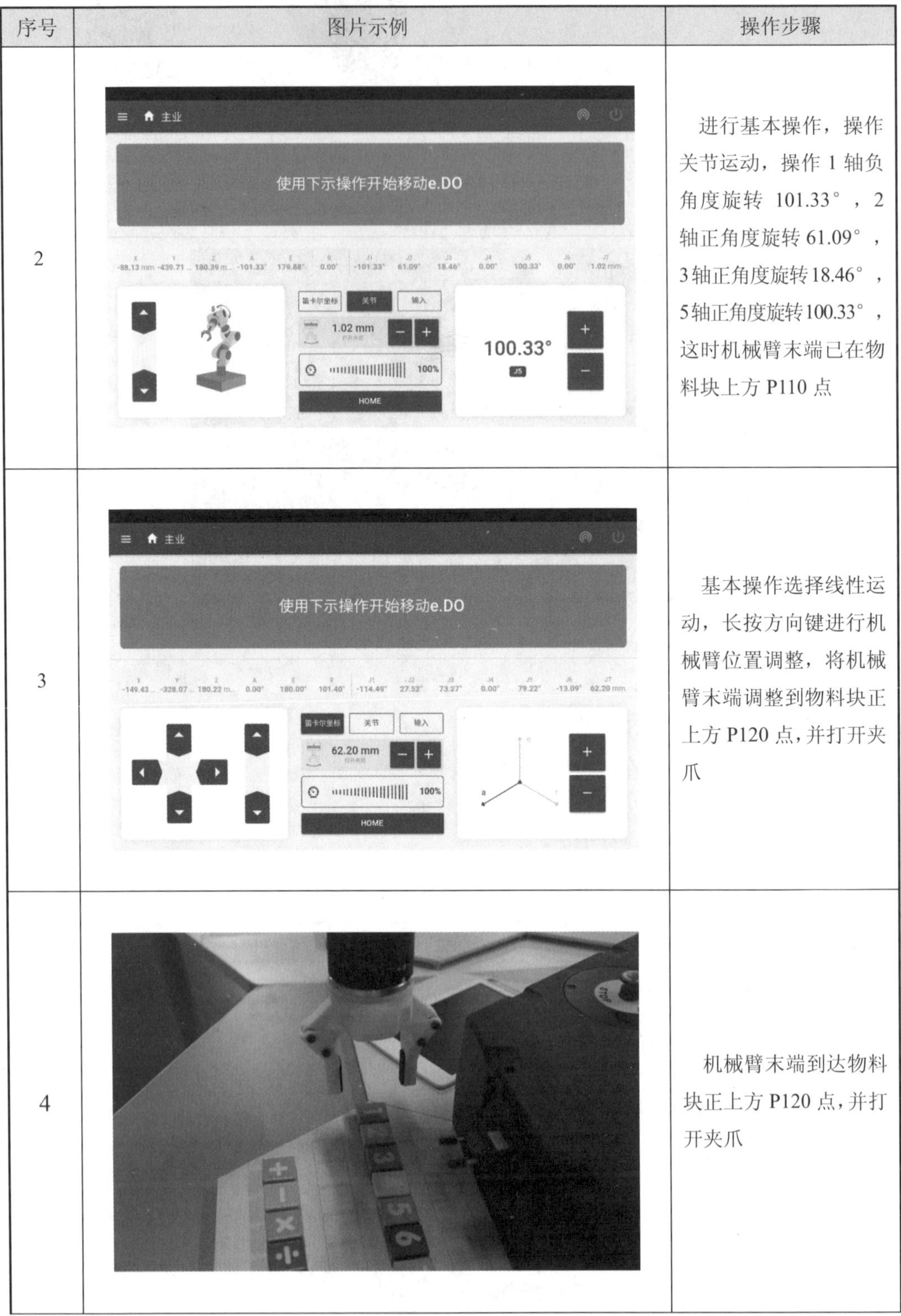

序号	图片示例	操作步骤
2		进行基本操作，操作关节运动，操作 1 轴负角度旋转 101.33°，2 轴正角度旋转 61.09°，3 轴正角度旋转 18.46°，5 轴正角度旋转 100.33°，这时机械臂末端已在物料块上方 P110 点
3		基本操作选择线性运动，长按方向键进行机械臂位置调整，将机械臂末端调整到物料块正上方 P120 点，并打开夹爪
4		机械臂末端到达物料块正上方 P120 点，并打开夹爪

续表 6.6

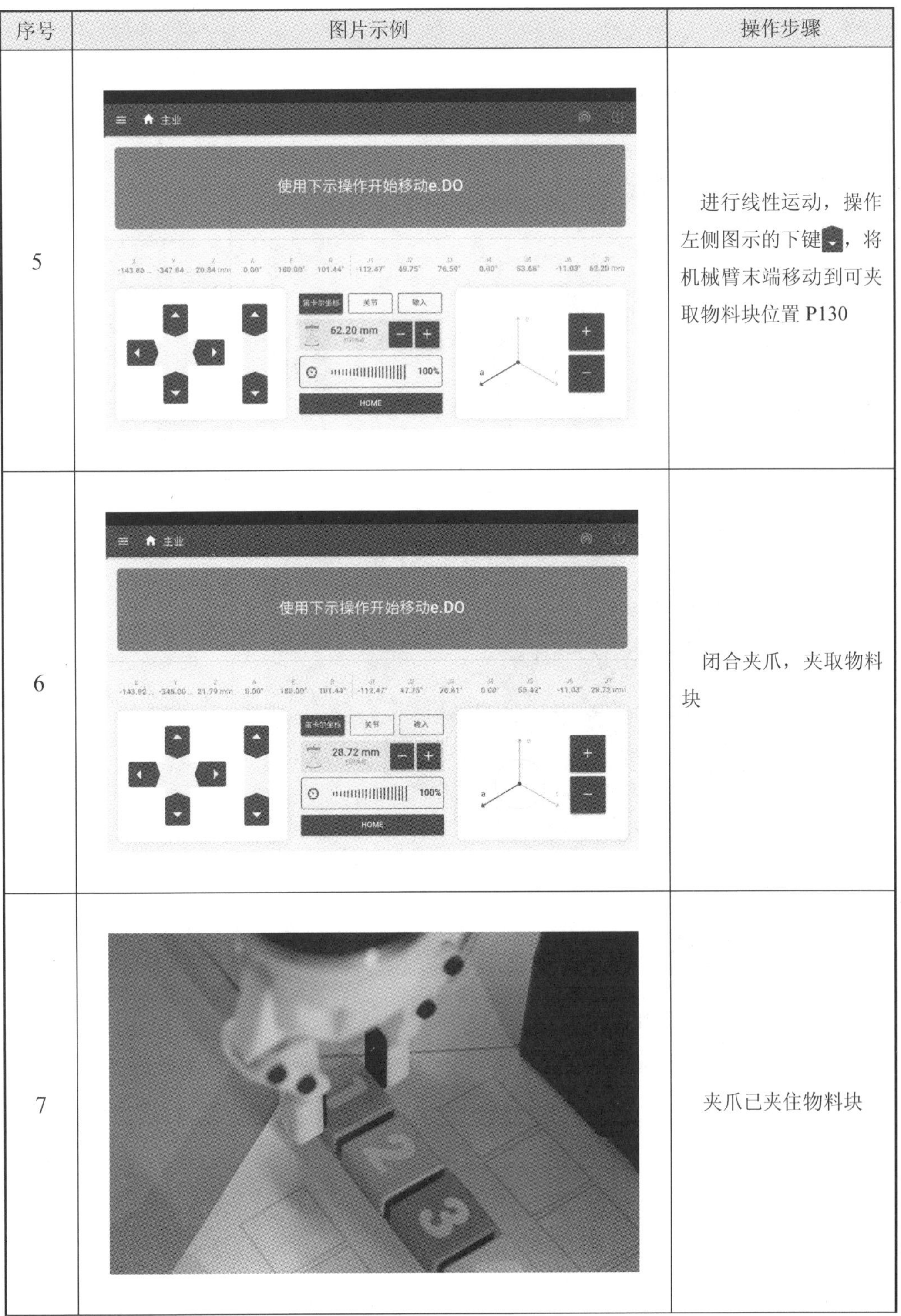

序号	图片示例	操作步骤
5		进行线性运动，操作左侧图示的下键，将机械臂末端移动到可夹取物料块位置 P130
6		闭合夹爪，夹取物料块
7		夹爪已夹住物料块

续表 6.6

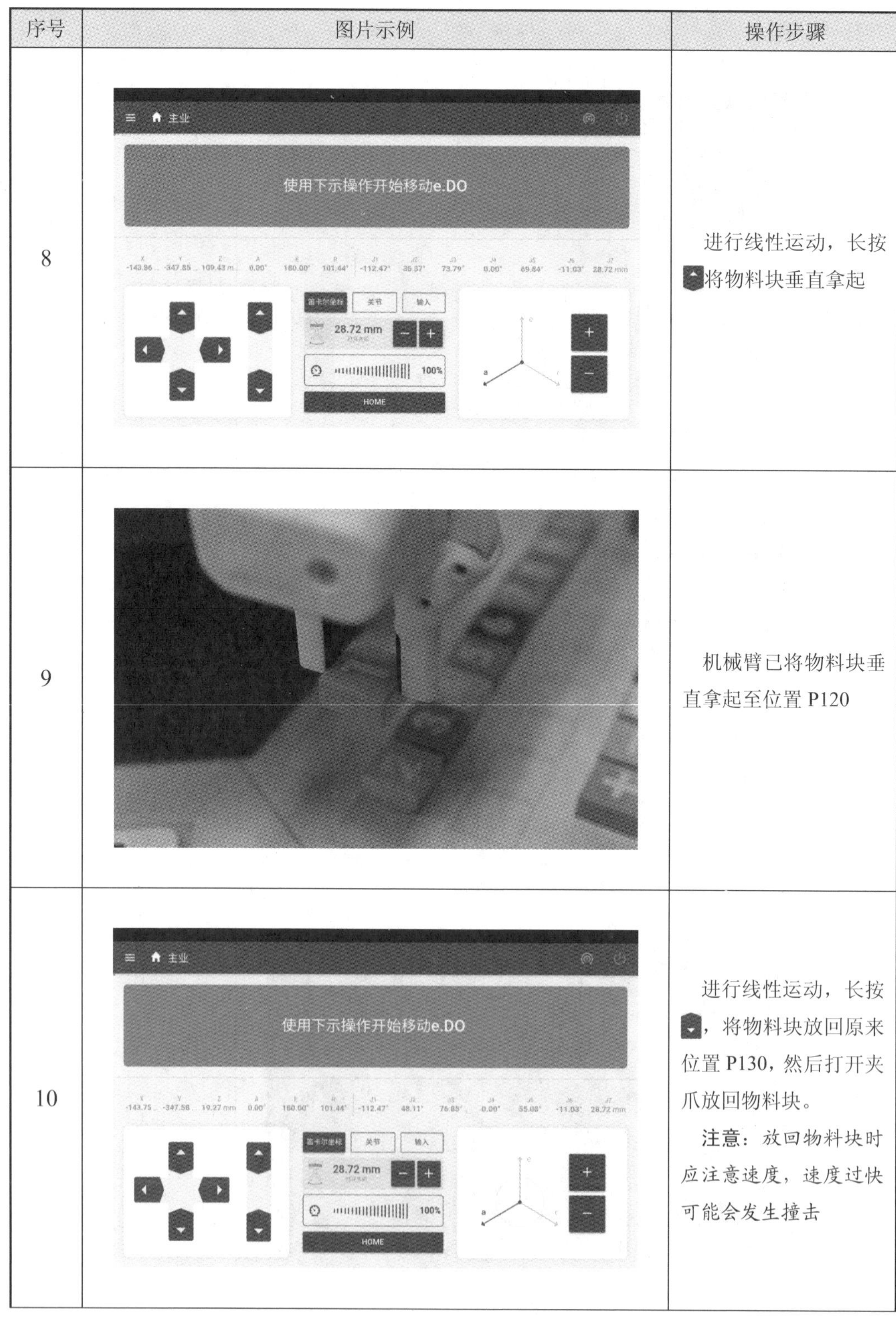

序号	图片示例	操作步骤
8		进行线性运动，长按将物料块垂直拿起
9		机械臂已将物料块垂直拿起至位置 P120
10		进行线性运动，长按，将物料块放回原来位置 P130，然后打开夹爪放回物料块。 **注意**：放回物料块时应注意速度，速度过快可能会发生撞击

续表 6.6

序号	图片示例	操作步骤
11	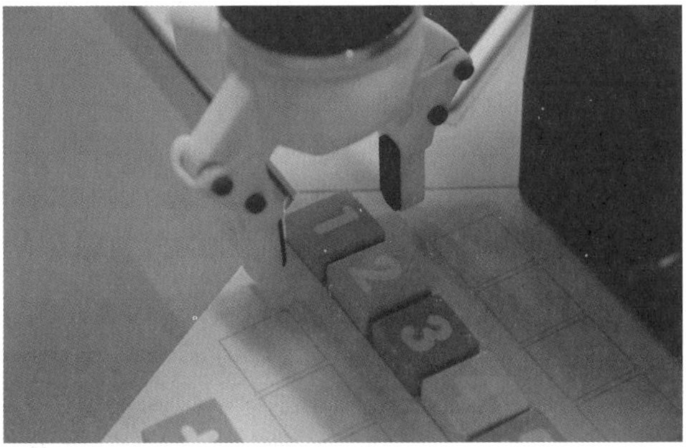	打开夹爪，物料块回到原位 P130
12	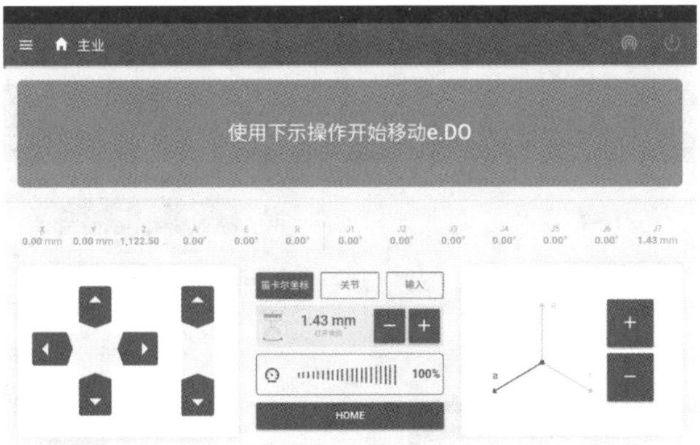	长按【HOME】键，机械臂回到标准位

思考题

1. 基础操作主要在哪个界面进行操作？
2. 如何进行关节运动？
3. 线性运动怎样操作？

第 7 章　智能机器人编程基础

本章介绍 e.Do 机器人基础编程，其又称为 Waypoints 编程。基础编程特点是操作者可以在基础编程模式下操作 e.Do 机器人做出每一步动作，并将每一步动作保存下来，之后机器人可以根据基础编程模式下保存的动作，一步一步按照顺序将保存的动作姿态还原出来。

7.1　智能机器人程序组成

❋ 智能机器人程序组成

e.Do 机器人一套动作的主程序是由多条运动指令组成的，其中运动指令又由不同功能组成。程序命令界面如图 7.1 所示。

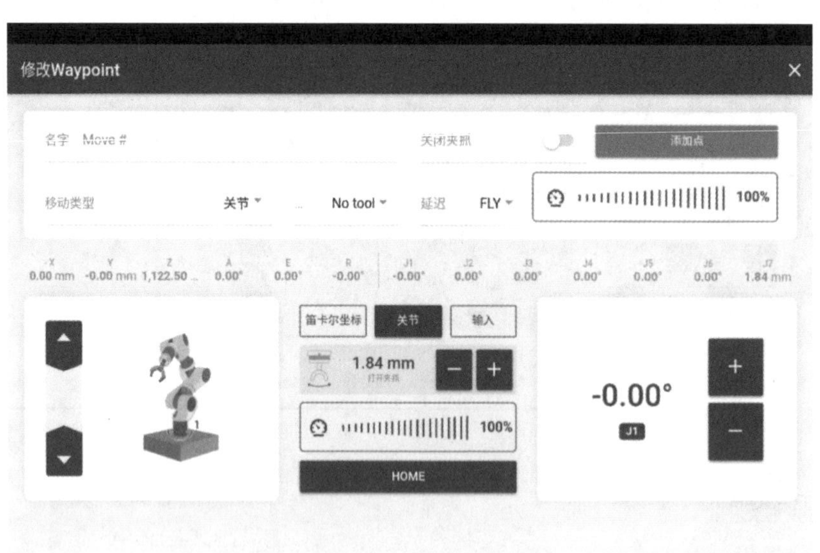

图 7.1　程序命令界面

一条运动指令至少包括下列 6 个部分，详细说明见表 7.1。

表 7.1　运动指令各部分说明

序号	图　例	说　明
1	名字　Move #	**指令名称：** 设置指令名称
2	移动类型　关节	**移动类型：** 选择移动类型
3	延迟　FLY	**延迟时间：** 动作延迟时间
4	100%	**运行速度：** 调节机器人运行到这条指令时机器人的运行速度，位置位于程序命令界面右上方
5	关闭夹抓	**夹爪状态：** 调节夹爪状态
6	1.84 mm　100%　HOME　-0.00°	**坐标编辑：** 操作机械臂进行坐标设置

7.2　程序编辑

※ 程序编辑

7.2.1　程序创建

基础编程的程序创建步骤具体见表 7.2。

表 7.2　基础编程的程序创建步骤

序号	图片示例	操作步骤
1	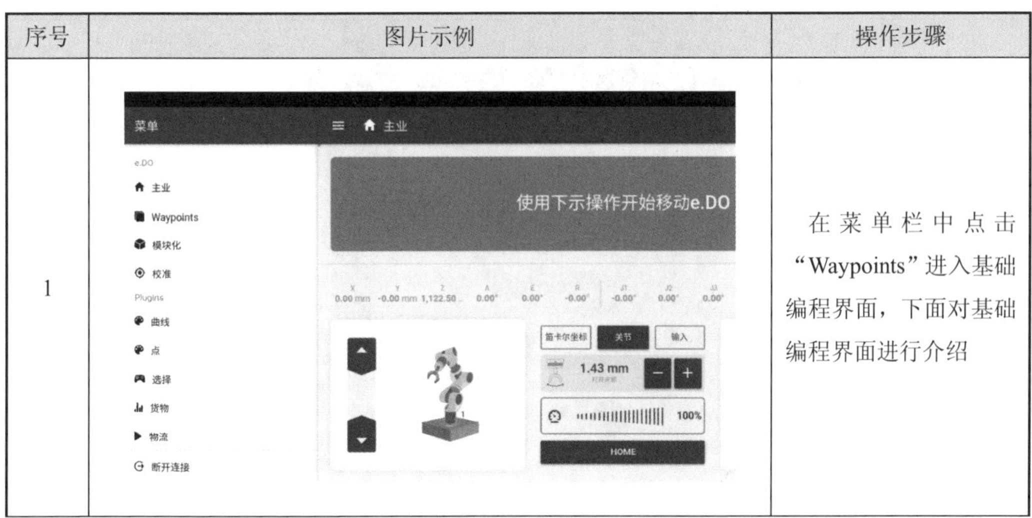	在菜单栏中点击"Waypoints"进入基础编程界面，下面对基础编程界面进行介绍

续表 7.2

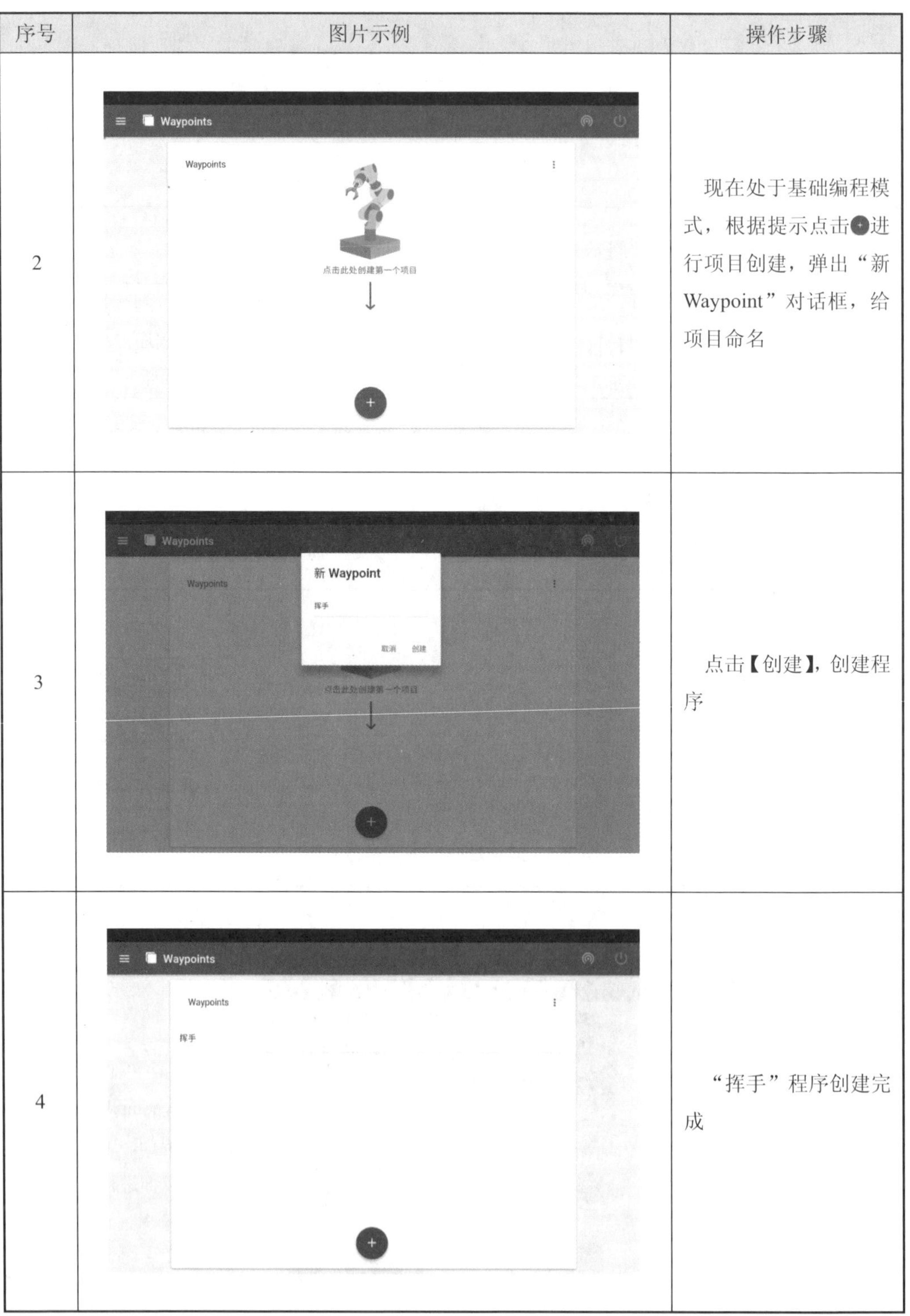

序号	图片示例	操作步骤
2		现在处于基础编程模式，根据提示点击⊕进行项目创建，弹出“新 Waypoint”对话框，给项目命名
3		点击【创建】，创建程序
4		“挥手”程序创建完成

7.2.2　指令编辑

基础编程的程序修改步骤具体见表 7.3。

表 7.3　基础编程的程序修改步骤

序号	图片示例	操作步骤
1	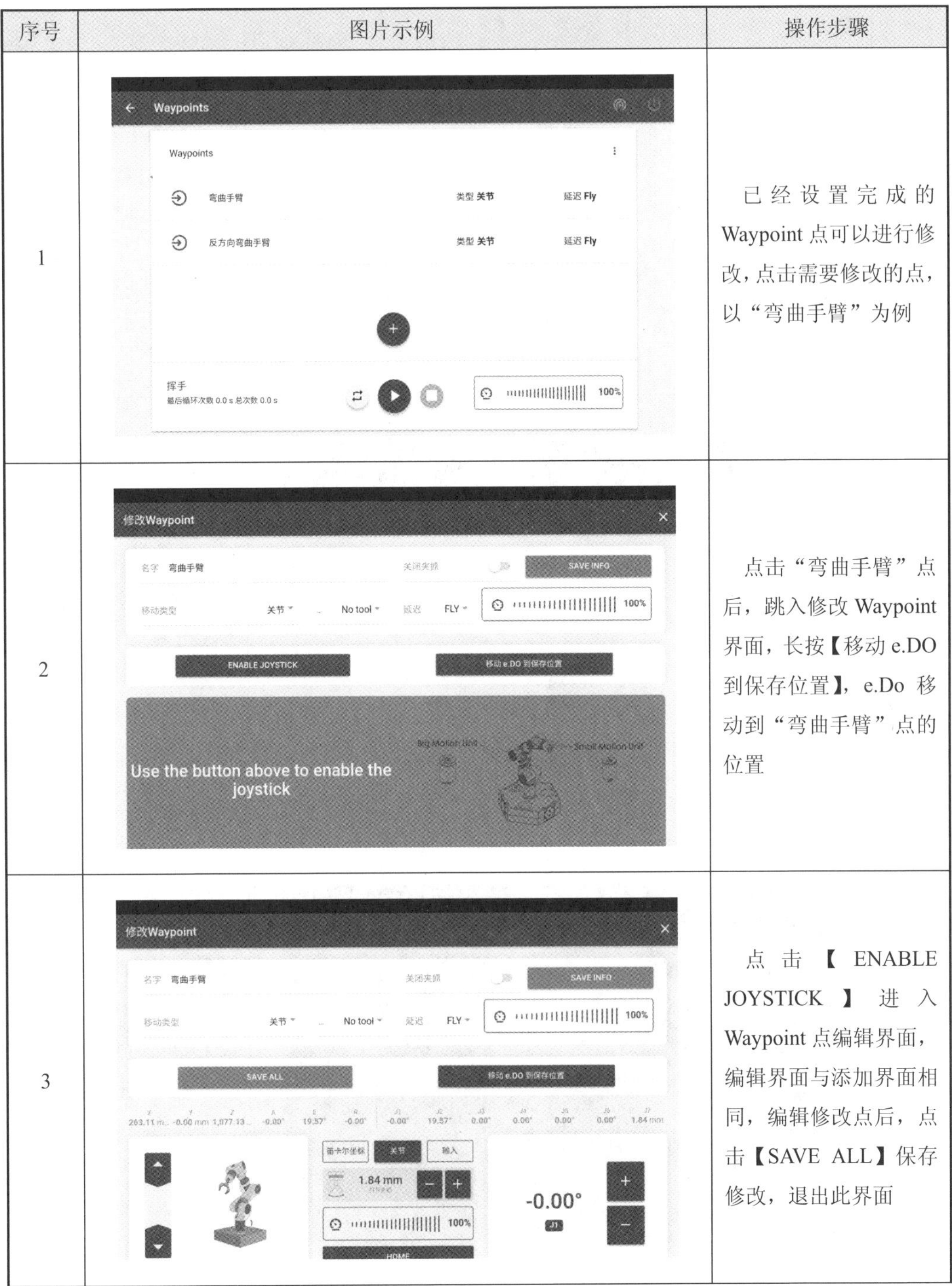	已经设置完成的 Waypoint 点可以进行修改，点击需要修改的点，以“弯曲手臂”为例
2		点击“弯曲手臂”点后，跳入修改 Waypoint 界面，长按【移动 e.DO 到保存位置】，e.Do 移动到“弯曲手臂”点的位置
3		点击【ENABLE JOYSTICK】进入 Waypoint 点编辑界面，编辑界面与添加界面相同，编辑修改点后，点击【SAVE ALL】保存修改，退出此界面

续表 7.3

序号	图片示例	操作步骤
4		“弯曲手臂”指令被修改，机械臂改为向正前方弯曲
5		点击 Waypoint 点并向左侧滑动，出现【复制】、【排序】、【删除】按钮
6		点击【复制】，出现“复制 waypoint”对话框，输入新的名称，点击【同意】完成 Waypoint 点的复制。 同样将 Waypoint 点“反方向弯曲手臂”进行复制

续表 7.3

序号	图片示例	操作步骤
7		向左侧滑动 Waypoint 点时，点击【排序】，之后每个 Waypoint 点后出现 ，拖动 可以进行点的排序，点击【完成】完成点的排序

7.3　程序执行

程序指令编辑完成，准备运行程序，下面对基础编程的程序运行部分进行介绍，具体内容见表 7.4。基础编程界面如图 7.2 所示。

图 7.2　基础编程界面

表 7.4　基础编程的程序运行部分说明

序号	图　例	说　明
1	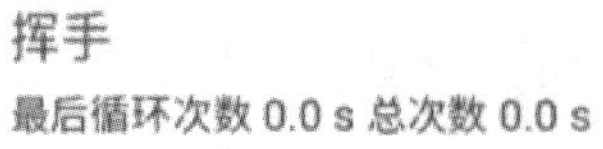 挥手 最后循环次数 0.0 s 总次数 0.0 s	**程序属性：**显示项目名称、最后循环时间和总时间
2		**运行按钮：**点击▶可以运行/暂停程序；点击◻中断程序运行；点击⇄选择运行次数
3	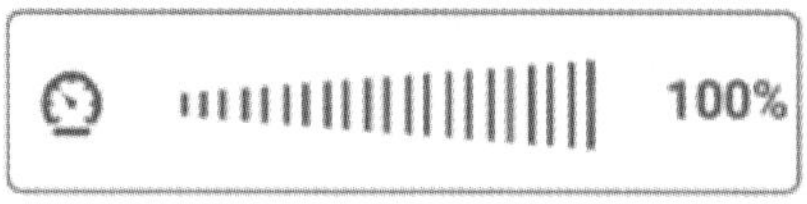 100%	**运行速度：**调节程序运行速度

基础编程的程序运行步骤见表 7.5。

表 7.5　基础编程的程序运行步骤

序号	图片示例	操作步骤
1		点击⇄弹出“循环计数”对话框，根据实际情况选择运行次数后，点击【OK】
2	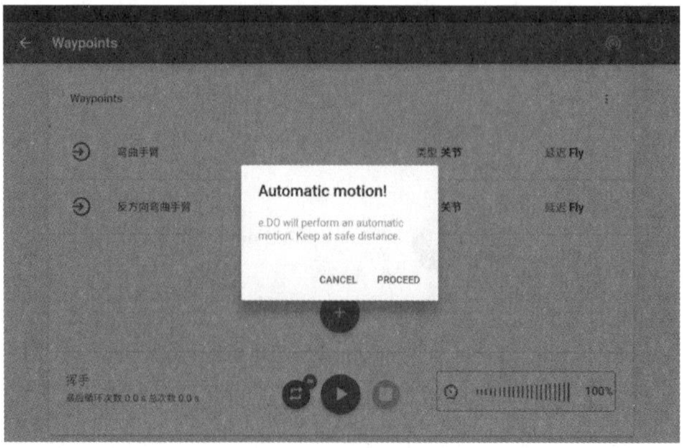	点击▶可以运行程序，弹出“Automatic motion!”对话框，点击【PROCEED】，e.Do 机器人将进行挥手循环运动，点击◻中断程序运行

“挥手”程序运行轨迹如图 7.3 所示。

图 7.3　“挥手”程序运行轨迹图

7.4　程序备份与恢复

基础编程的程序备份与恢复步骤具体见表 7.6。

表 7.6　基础编程的程序备份与恢复

序号	图片示例	操作步骤
1	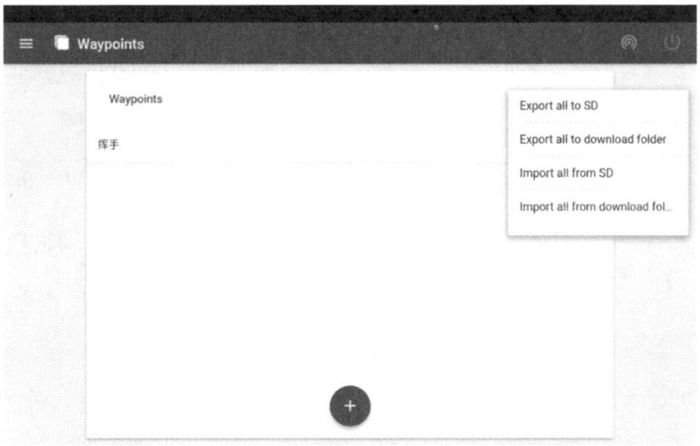	在基础编程模式界面，点击右上角⋮，可以进行程序的导入与导出操作，点击⋮后，弹出下拉菜单，点击“Export all to SD”输出所有程序到 SD 卡中
2		点击【Export all to SD】弹出提示对话框，提示：是否输出所有程序？现有的输出文件会被覆盖。点击【确认】输出程序

续表 7.6

序号	图片示例	操作步骤
3		将程序导入 SD 卡中后，可以看到平板电脑主目录中出现“eDOWaypoints.json”文件，说明程序已经导出到 SD 卡
4		回到基础编程模式界面，点击“挥手”程序，并向左滑动
5		点击【删除】弹出“确认删除”对话框，点击【确认】将“挥手”程序删除

续表 7.6

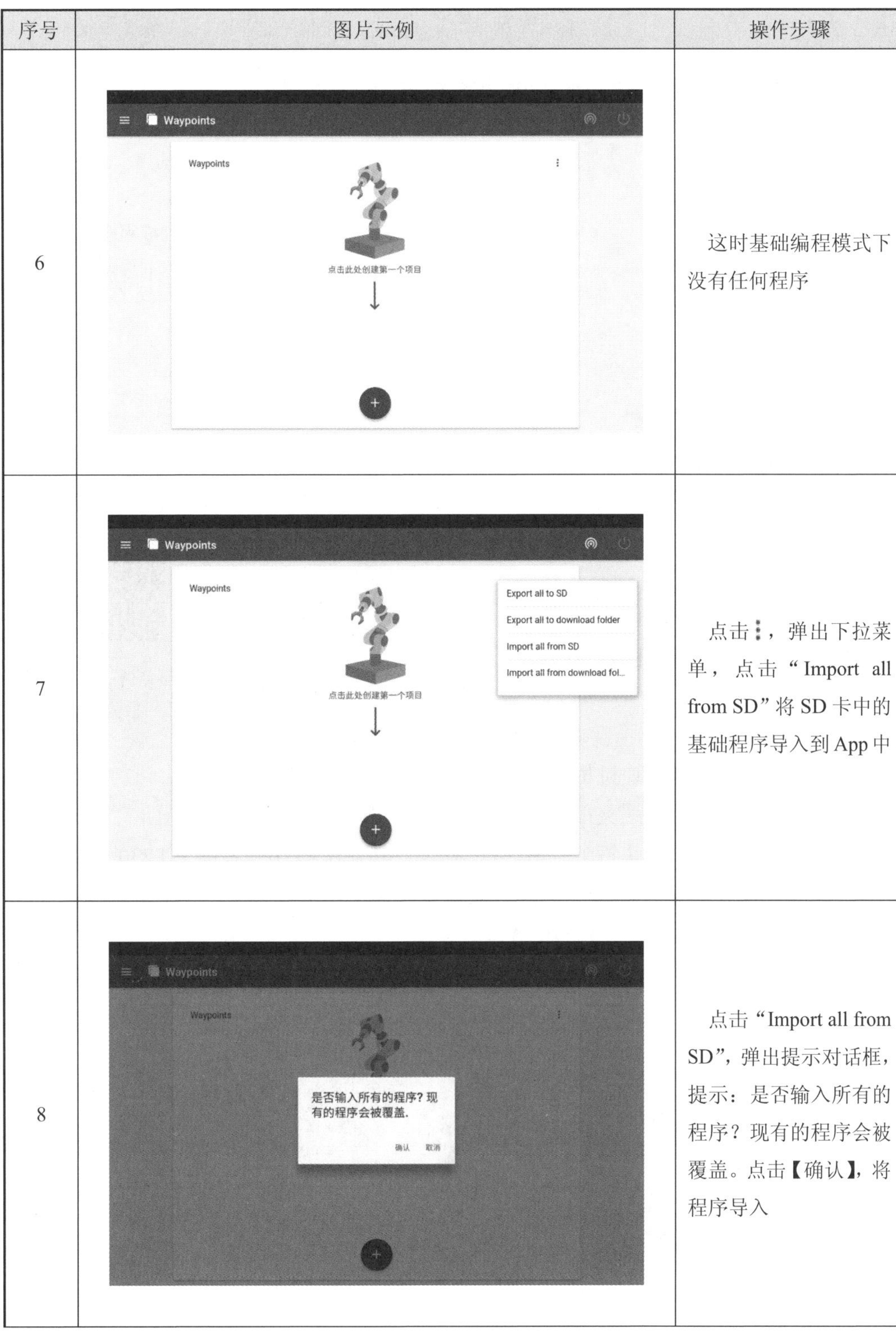

序号	图片示例	操作步骤
6	Waypoints Waypoints 点击此处创建第一个项目	这时基础编程模式下没有任何程序
7	Waypoints Waypoints Export all to SD Export all to download folder Import all from SD Import all from download fol... 点击此处创建第一个项目	点击⋮，弹出下拉菜单，点击“Import all from SD”将 SD 卡中的基础程序导入到 App 中
8	Waypoints Waypoints 是否输入所有的程序？现有的程序会被覆盖. 确认　取消	点击“Import all from SD”，弹出提示对话框，提示：是否输入所有的程序？现有的程序会被覆盖。点击【确认】，将程序导入

续表 7.6

序号	图片示例	操作步骤
9	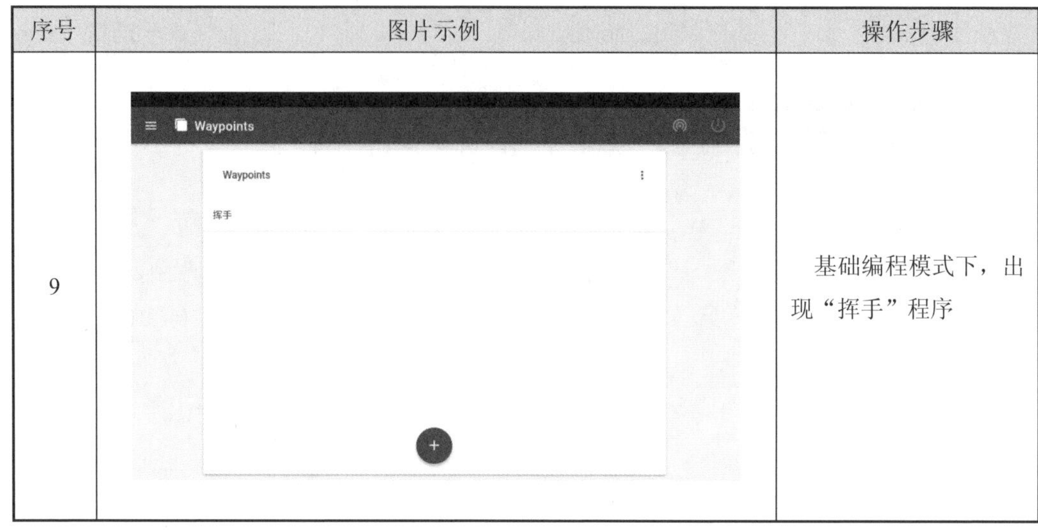	基础编程模式下，出现“挥手”程序

注意：在导入基础程序时，导入的文件必须在当前平板电脑的根目录下。

7.5 编程实例：乐曲演奏

※ 编程实例：乐曲演奏

本实例使用演奏模块，以机器人弹奏电子琴为例，演示 e.Do 机器人的基础编程过程。

乐曲演奏动作流程：

- ➢ 演奏模块上有一架电子琴。
- ➢ 弹奏动作：机器人通过机械臂弹奏基础音阶“123”。
- ➢ 弹奏动作由 6 轴末端夹爪工具完成，无需工具坐标系设定。
- ➢ 路径规划：音乐模块正上方 P210→琴键 1 正上方 P220→琴键 1 P230→琴键 1 正上方 P220→琴键 2 正上方 P240→琴键 2 P250→琴键 2 正上方 P240→琴键 3 正上方 P260→琴键 3 P270→琴键 3 正上方 P260，如图 7.4 所示。

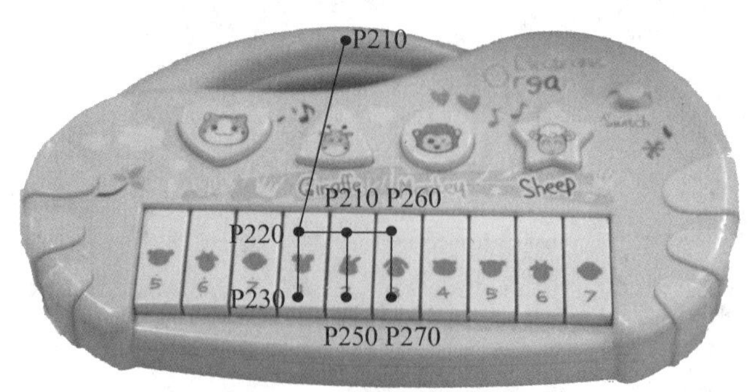

图 7.4 乐曲演奏路径规划

编程前准备：

（1）安装演奏模块。

（2）检查机器人是否在零点校准位。

（3）机器人操作界面为基础编程界面。

基础编程实例乐曲演奏的操作步骤具体见表 7.7。

表 7.7　乐曲演奏实例操作步骤

序号	图片示例	操作步骤
1		在菜单栏中点击“Waypoints”进入基础编程模式
2	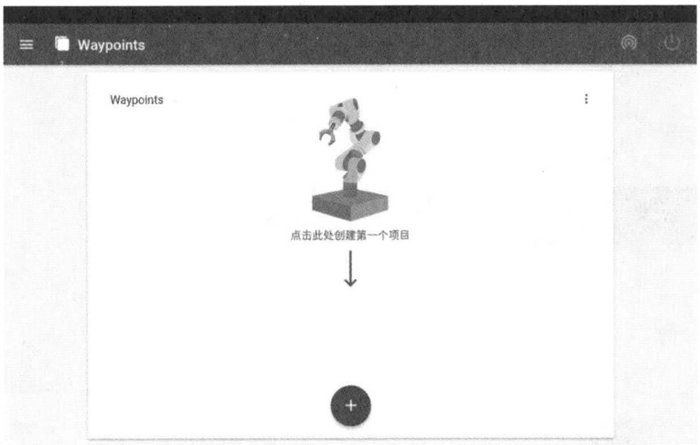	基础编程模式下，点击 + 进行项目创建

续表 7.7

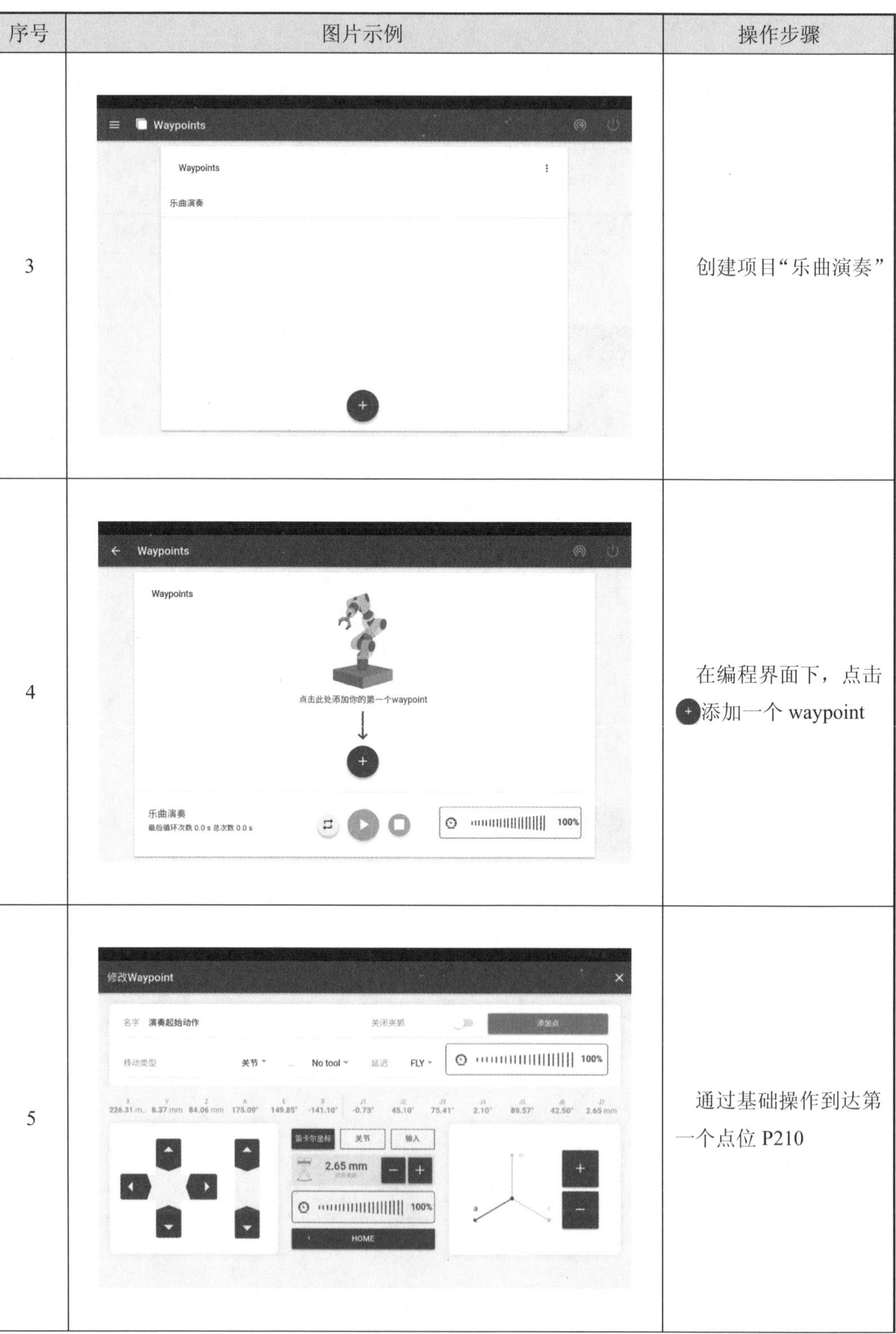

序号	图片示例	操作步骤
3		创建项目“乐曲演奏”
4		在编程界面下，点击⊕添加一个 waypoint
5		通过基础操作到达第一个点位 P210

续表 7.7

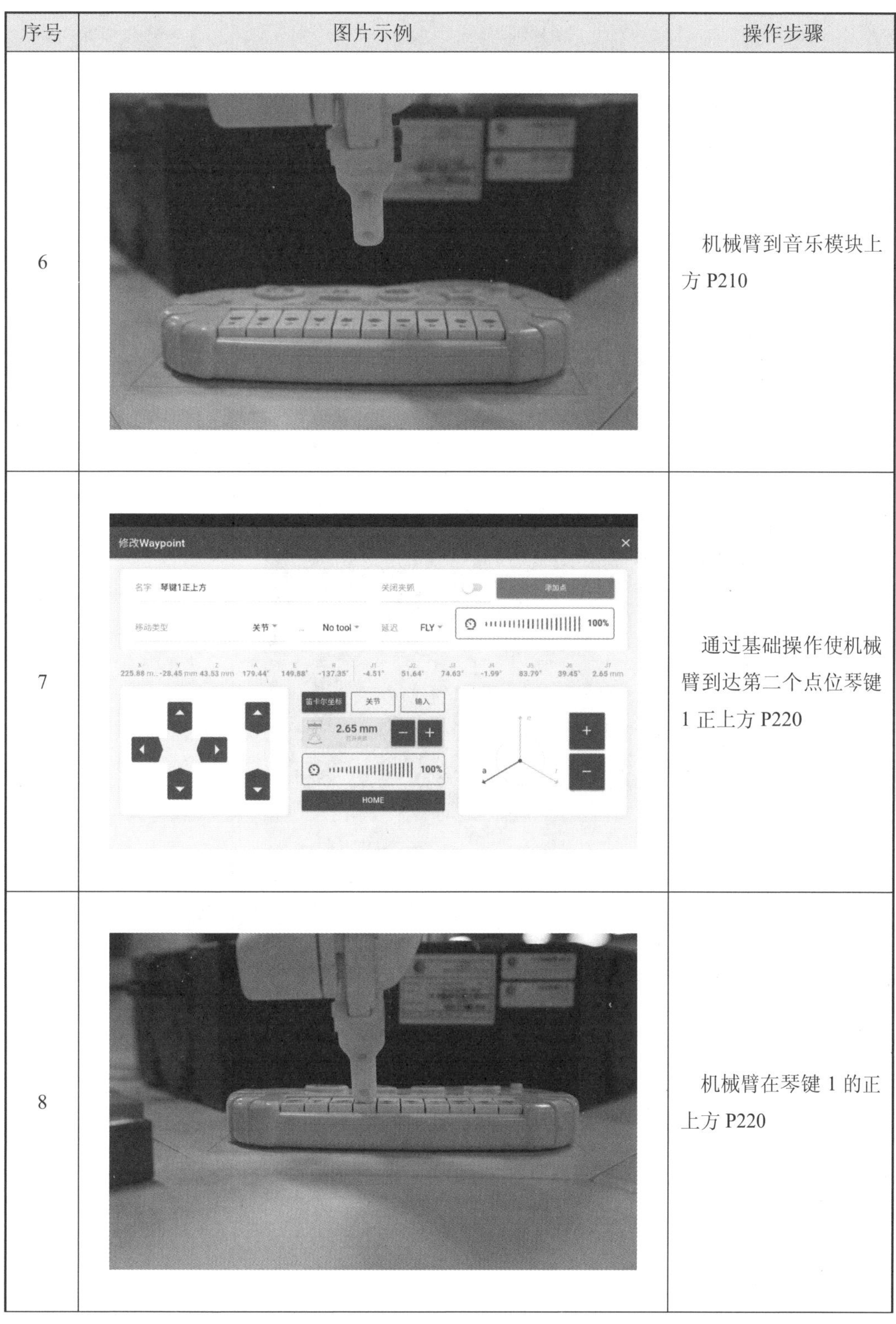

序号	图片示例	操作步骤
6		机械臂到音乐模块上方 P210
7		通过基础操作使机械臂到达第二个点位琴键 1 正上方 P220
8		机械臂在琴键 1 的正上方 P220

续表 7.7

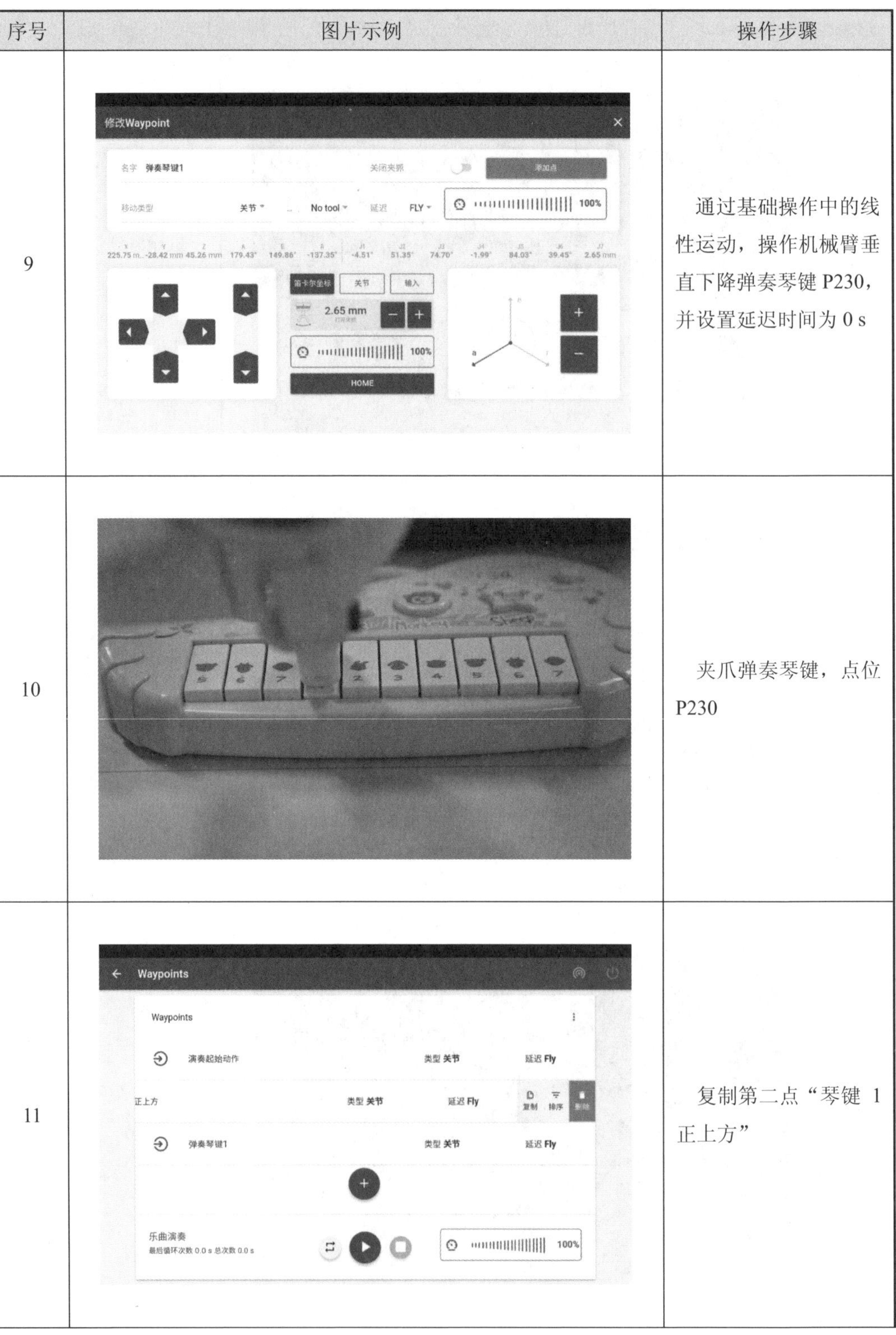

序号	图片示例	操作步骤
9		通过基础操作中的线性运动，操作机械臂垂直下降弹奏琴键 P230，并设置延迟时间为 0 s
10		夹爪弹奏琴键，点位 P230
11		复制第二点“琴键 1 正上方”

续表 7.7

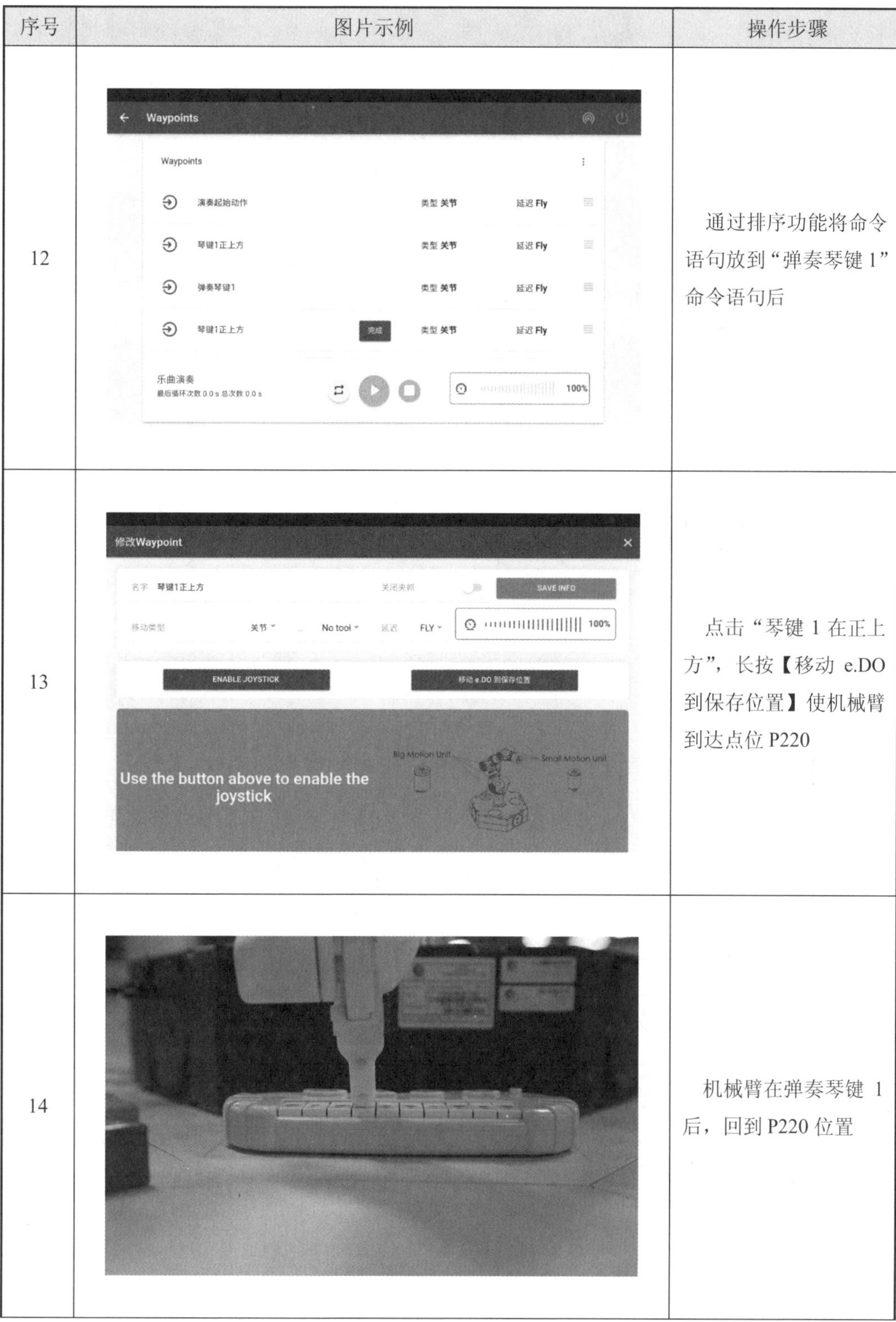

序号	图片示例	操作步骤
12		通过排序功能将命令语句放到“弹奏琴键 1”命令语句后
13		点击“琴键 1 在正上方”，长按【移动 e.DO 到保存位置】使机械臂到达点位 P220
14		机械臂在弹奏琴键 1 后，回到 P220 位置

续表 7.7

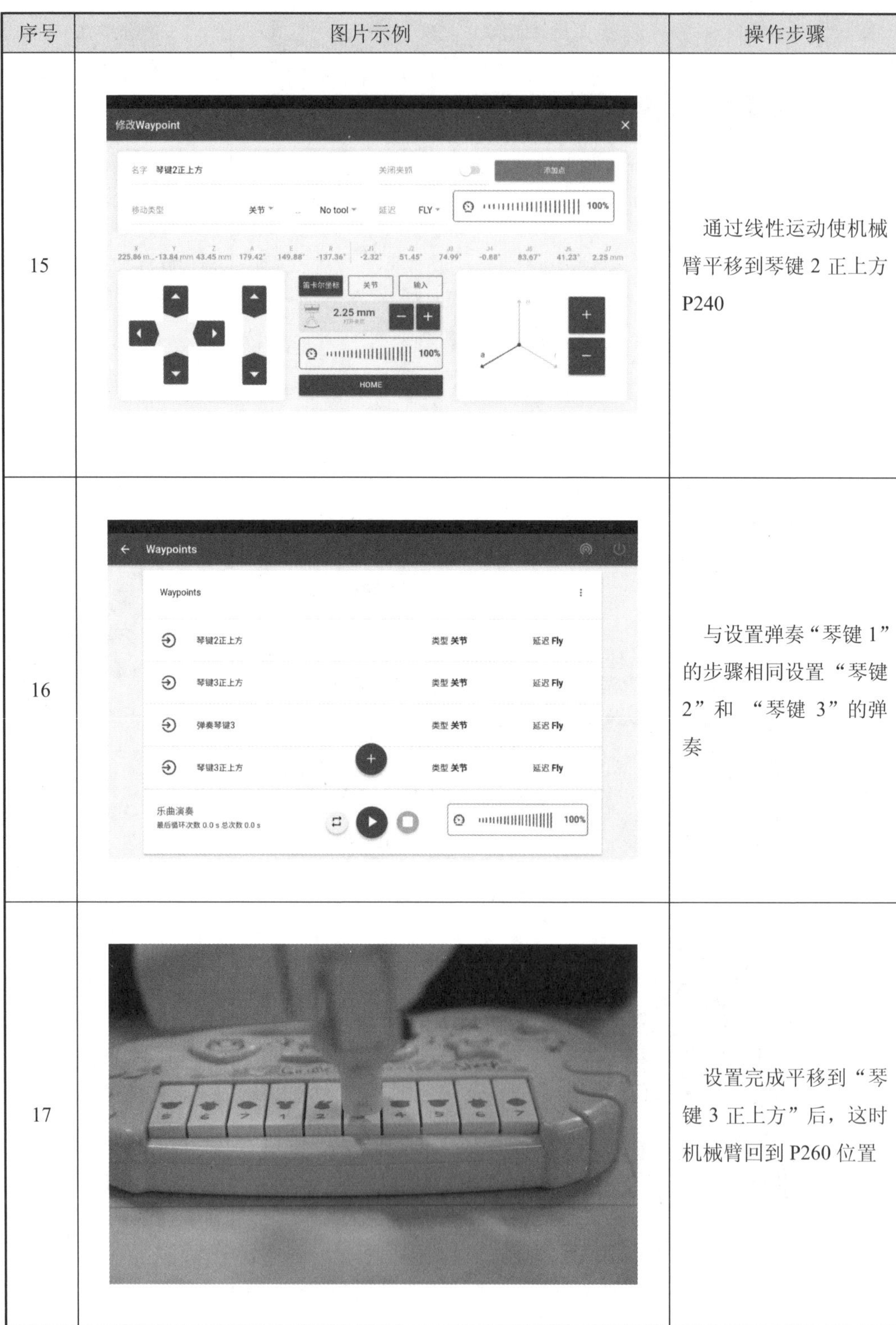

序号	图片示例	操作步骤
15		通过线性运动使机械臂平移到琴键 2 正上方 P240
16		与设置弹奏“琴键 1”的步骤相同设置“琴键 2”和“琴键 3”的弹奏
17		设置完成平移到“琴键 3 正上方”后，这时机械臂回到 P260 位置

续表 7.7

序号	图片示例	操作步骤
18		设置机械臂最后回到标准位 HOME 位
19		命令语句编辑完成
20		设置速度位“55%”

续表 7.7

序号	图片示例	操作步骤
21	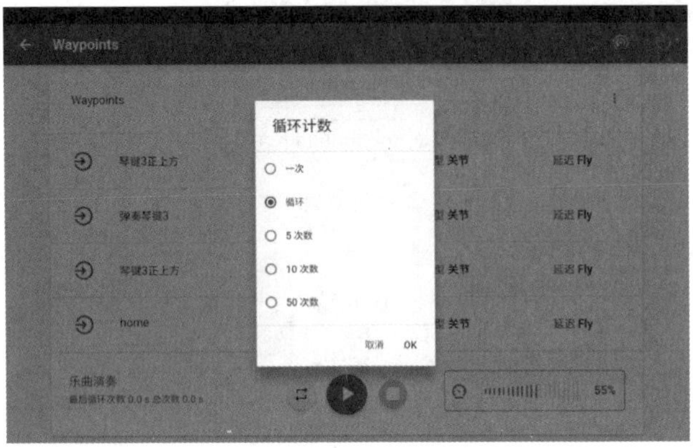	点击，选择程序运行循环次数，选择【循环】使程序无限循环，点击弹出“自动运行”对话框，点击【继续】运行程序
22		程序开始运行，机械臂开始弹奏音乐模块

思考题

1. 如何进入基础编程模式？
2. 在基础编程模式下如何对程序进行编程？
3. 基础编程在程序导入时需要注意什么？

第 8 章　智能机器人图形化编程

本章介绍 e.Do 机器人特色编程——图形化编程，图形化编程又称模块化编程（Blockly），图形化编程更利于上手，更能激发人学习编程的兴趣，满足人的成就感。图形化编程的突出特点，就是将一条条字符命令变成图形，把这些代表程序的图形块，像搭积木一样，在逻辑正确的前提下，通过拖拽搭建就可以实现一个完整的功能。

8.1　常用图形化指令

图形化编程是利用软件本身所提供的各种控件，像搭积木式地构造应用程序的各种界面。无需编写太多的代码甚至不需要懂太多的语法知识和 API 就可以实现一些程序功能，尤其是针对那些不会编程但又对编程感兴趣的人，这是非常棒的操作体验。使用图形化编程工具操作，只需在工作区里面简单地拖动几个控件，并且在它们之间做一些选项和绘画箭头即可。图形化编程界面如图 8.1 所示。

※ 图形化编程常用指令介绍

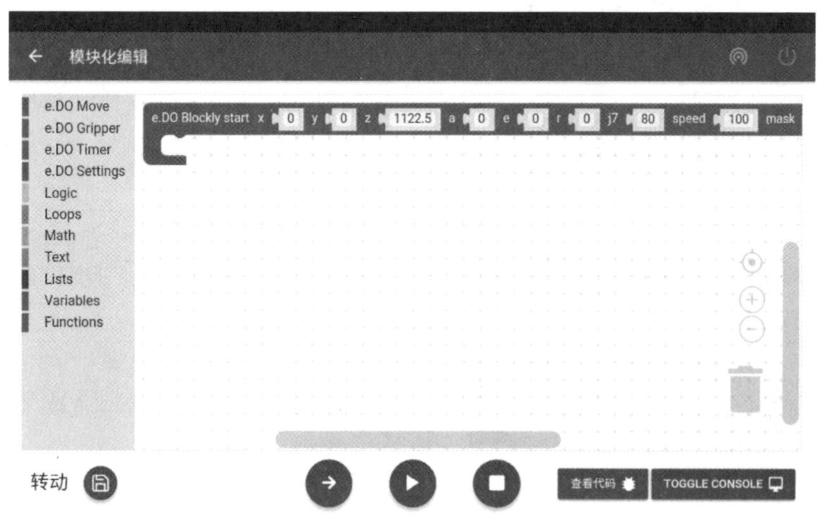

图 8.1　图形化编程界面

8.1.1　移动指令

常见移动指令说明，见表 8.1。

表 8.1　常见移动指令说明

序号	图　例	说　明
1	Move to x 0 y 0 z 0 a 0 e 0 r 0 j7 0 Keep gripper closed	**移动指令：**移动到设置的空间坐标点位置并在该点按所设置角度数旋转，同时按所设置角度数打开夹爪
2	Move to j1 0 j2 0 j3 0 j4 0 j5 0 j6 0 j7 0 Keep gripper closed	**移动指令：**旋转到所设置的关节角度数，同时按所设置角度数打开夹爪
3	Move to x 0 y 0 z 0 Keep gripper closed	**移动指令：**移动到所设置的空间坐标点位置
4	Rotate r 0 Keep gripper closed	**移动指令：**绕 z 轴旋转 r 度

8.1.2　夹爪指令

常见夹爪指令说明，见表 8.2。

表 8.2　常见夹爪指令说明

序号	图　例	说　明
1	Gripper open	**夹爪指令：**夹爪打开
2	Gripper close	**夹爪指令：**夹爪关闭
3	Gripper opening	**夹爪指令：**获取夹爪张开度数
4	Gripper j7 0	**夹爪指令：**夹爪打开固定度数

8.1.3　逻辑指令

常见逻辑指令说明，见表 8.3。

表 8.3　常见逻辑指令说明

序号	图　　例	说　　明
1	if do	**逻辑指令：**if 语句，如果……做……
2	=	**逻辑指令：**判断语句，比较两边值的大小
3	and	**逻辑指令：**逻辑运算，与、或、非
4	not	**逻辑指令：**逻辑非
5	true	**逻辑指令：**赋值为真
6	null	**逻辑指令：**赋值为空

8. 1. 4　循环指令

常见循环指令说明，见表 8.4。

表 8.4　常见循环指令说明

序号	图　　例	说　　明
1	repeat 10 times do	**循环指令：**重复 10 次
2	repeat while do	**循环指令：**满足……条件，重复做……
3	break out of loop	**循环指令：**跳出循环

8.1.5 函数指令

常见函数指令说明，见表 8.5。

表 8.5 常见函数指令说明

序号	图　例	说　明
1	to do something	**函数指令**：无返回值的函数指令
2	to do something return	**函数指令**：带有返回值的函数指令
3	pick	**函数指令**：函数指令名称
4	to pick	**函数指令**："pick" 函数指令语句

8.2 程序编辑

※ 图形化编程程序编辑

8.2.1 程序创建

图形化编程的程序创建步骤具体见表 8.6。

表 8.6 程序创建步骤

序号	图片示例	操作步骤
1		在菜单栏中点击"模块化"

续表 8.6

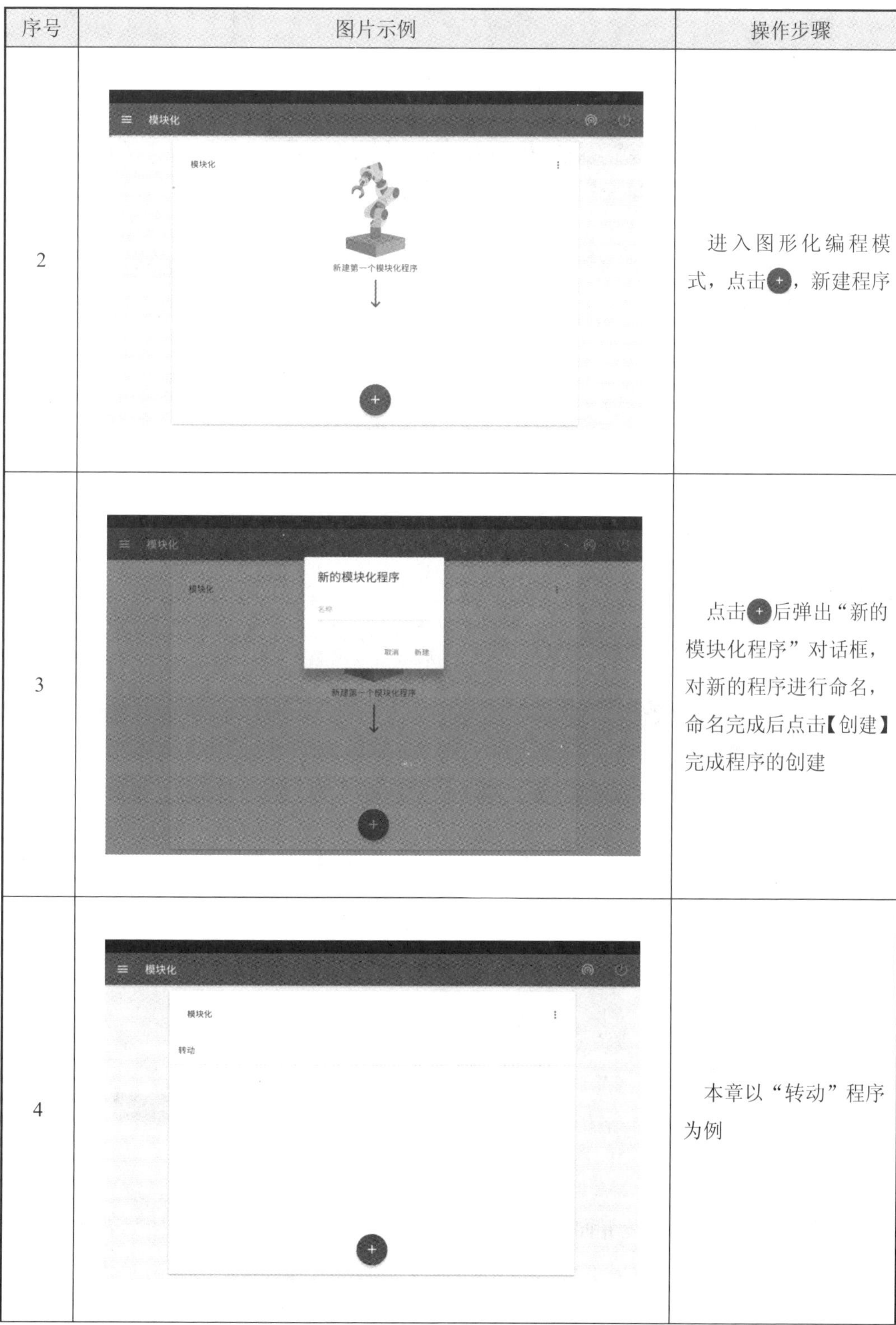

序号	图片示例	操作步骤
2		进入图形化编程模式，点击+，新建程序
3		点击+后弹出“新的模块化程序”对话框，对新的程序进行命名，命名完成后点击【创建】完成程序的创建
4		本章以“转动”程序为例

续表 8.6

序号	图片示例	操作步骤
5	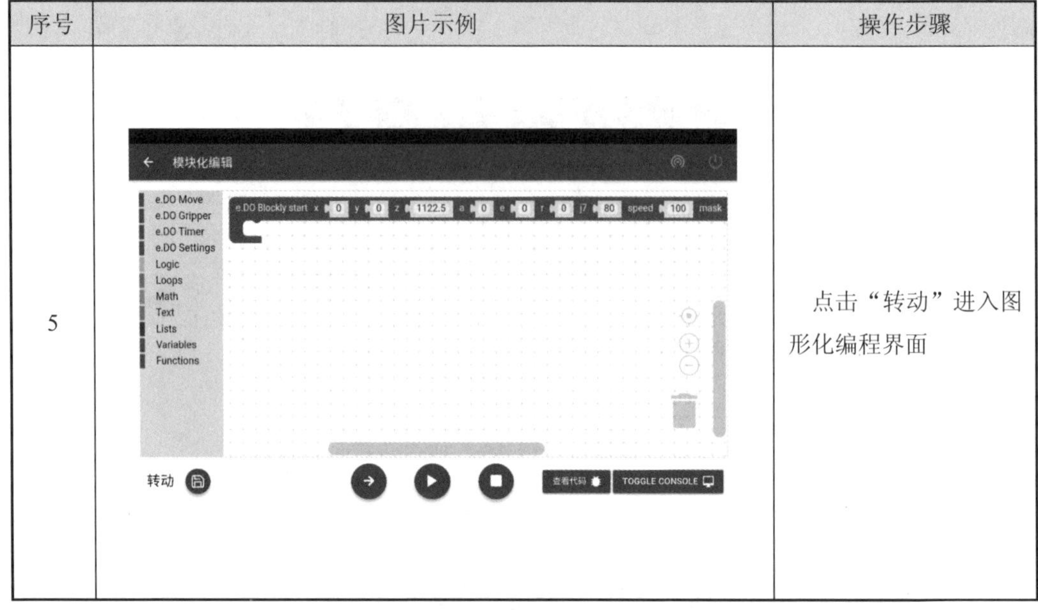	点击“转动”进入图形化编程界面

8.2.2 程序修改

图形化编程界面如图 8.2 所示。

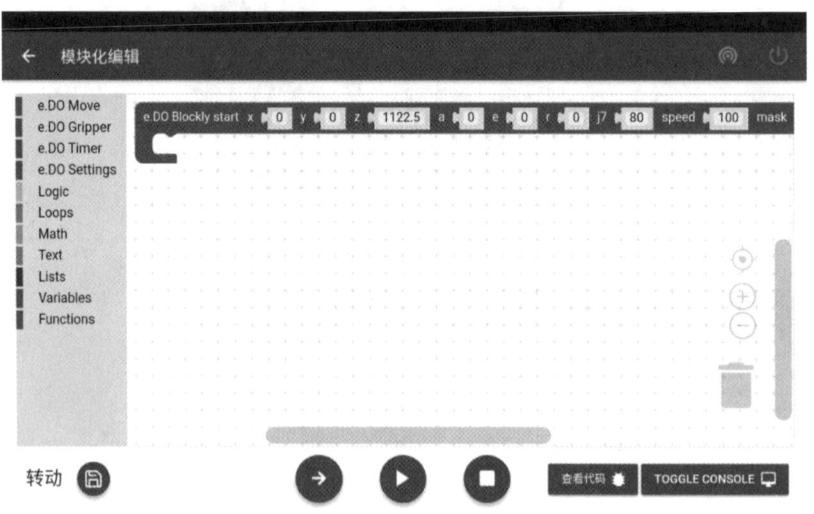

图 8.2　图形化编程界面

用户可以在图形化编程界面中进行图形化编程和程序修改，具体说明见表 8.7。

表 8.7　图形化编程界面组成部分

序号	图　例	说　明
1	模块化编辑	**界面名称**：显示操作界面名称
2		**信号指示灯**：显示信号强弱
3		**急停按钮**：紧急停止按钮，停止机器人运动
4	e.DO Move e.DO Gripper e.DO Timer e.DO Settings Logic Loops Math Text Lists Variables Functions	**指令调用栏**：可以调用指令
5	e.DO Blockly start x 0 y 0 z 1122.5 a 0 e 0 r 0 j7 80 speed 100 mask	**程序编辑界面**：进行图形化程序编辑
6		**垃圾桶**：将语句拖到此处可删除语句
7	转动	**程序名称**：显示程序名称
8		**程序保存按钮**：点击按钮保存程序
9		**运行按钮**：程序运行控制按钮
10	查看代码	**查看代码按键**：点击【查看代码】可以看到后台代码
11	TOGGLE CONSOLE	**TOGGLE CONSOLE 按键**：点击【TOGGLE CONSOLE】可以显示指令“print”内容

图形化编程的程序修改步骤具体见表 8.8。

表 8.8　图形化编程的程序修改步骤

序号	图片示例	操作步骤
1	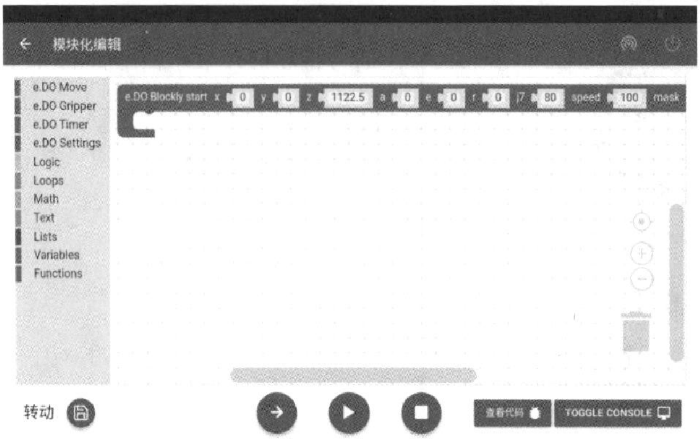	选择“e.DO Move”，其为 e.Do 机器人移动指令类，然后选择移动指令
2	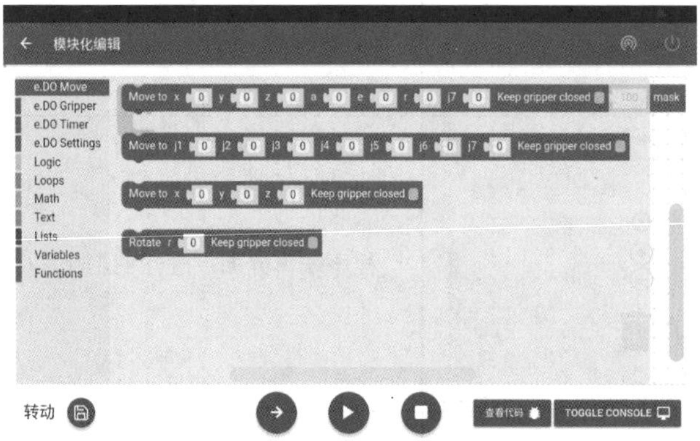	拖动出空间移动指令
3	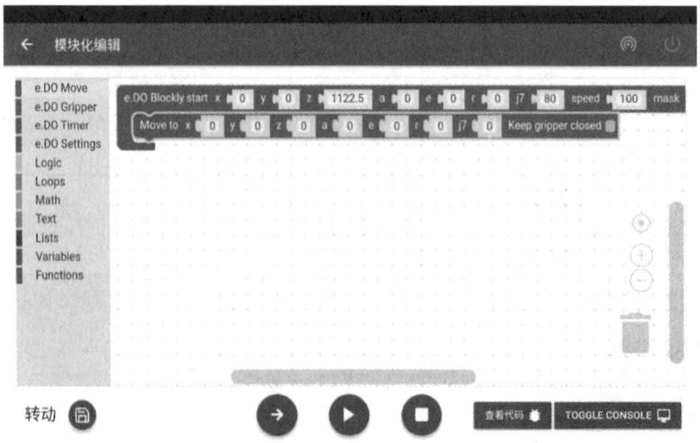	将指令拖动到“垃圾桶”内删除指令

续表 8.8

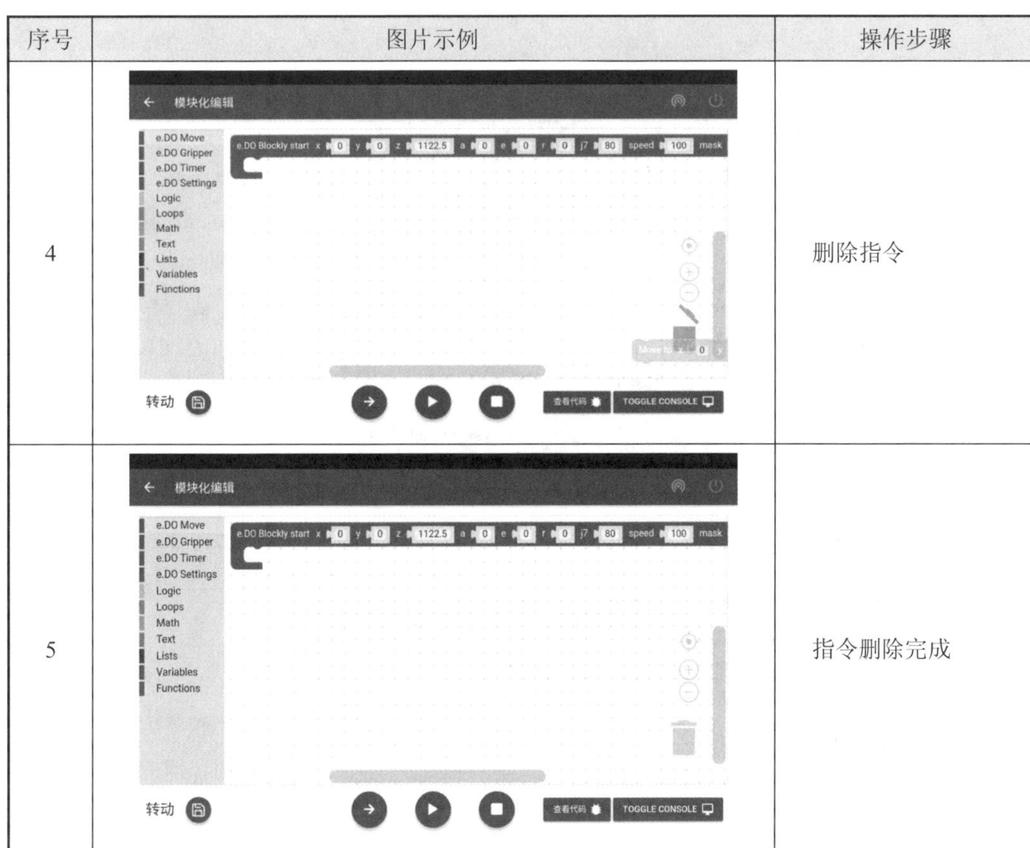

序号	图片示例	操作步骤
4		删除指令
5		指令删除完成

8.3　程序执行

图形化编程的程序执行步骤具体见表 8.9。

表 8.9　图形化编程的程序执行步骤

序号	图片示例	操作步骤
1		编程完成后，就可以运行程序了，点击▶运行程序

续表 8.9

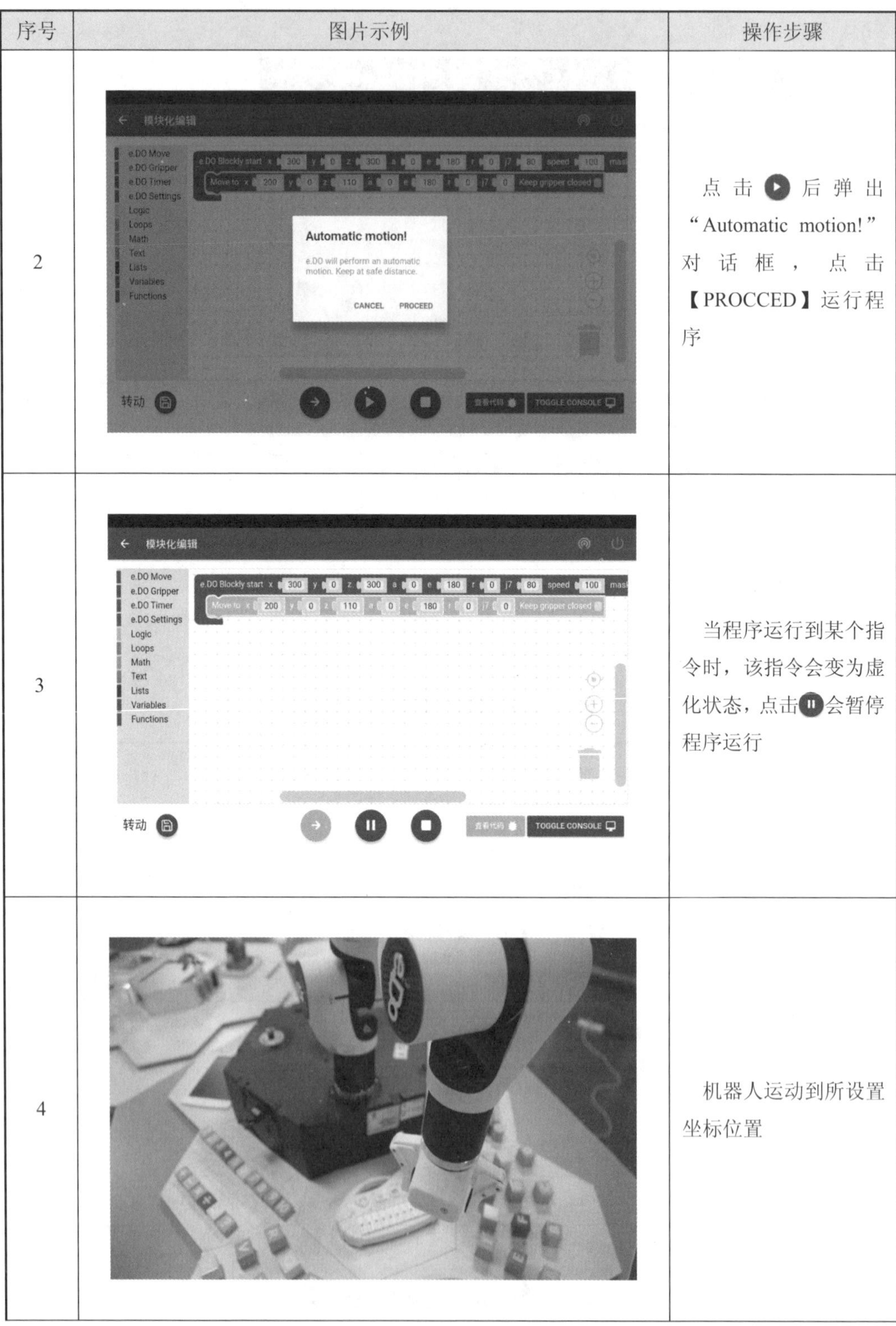

序号	图片示例	操作步骤
2		点击后弹出“Automatic motion!”对话框，点击【PROCCED】运行程序
3		当程序运行到某个指令时，该指令会变为虚化状态，点击会暂停程序运行
4		机器人运动到所设置坐标位置

续表 8.9

序号	图片示例	操作步骤
5	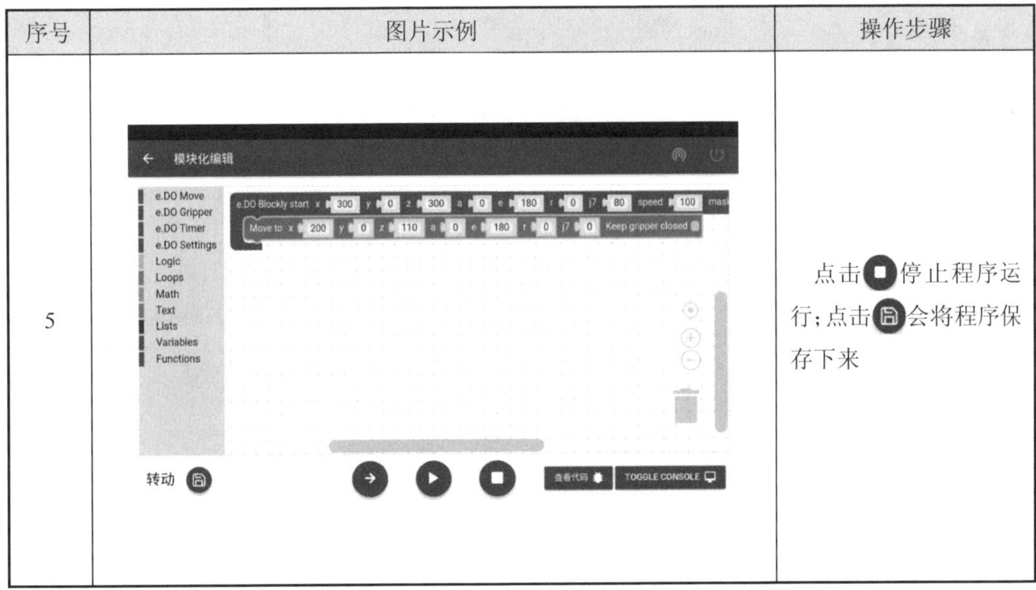	点击停止程序运行；点击会将程序保存下来

8.4　程序备份与恢复

图形化编程的程序备份与恢复步骤具体见表 8.10。

表 8.10　图形化编辑的程序备份与恢复步骤

序号	图片示例	操作步骤
1	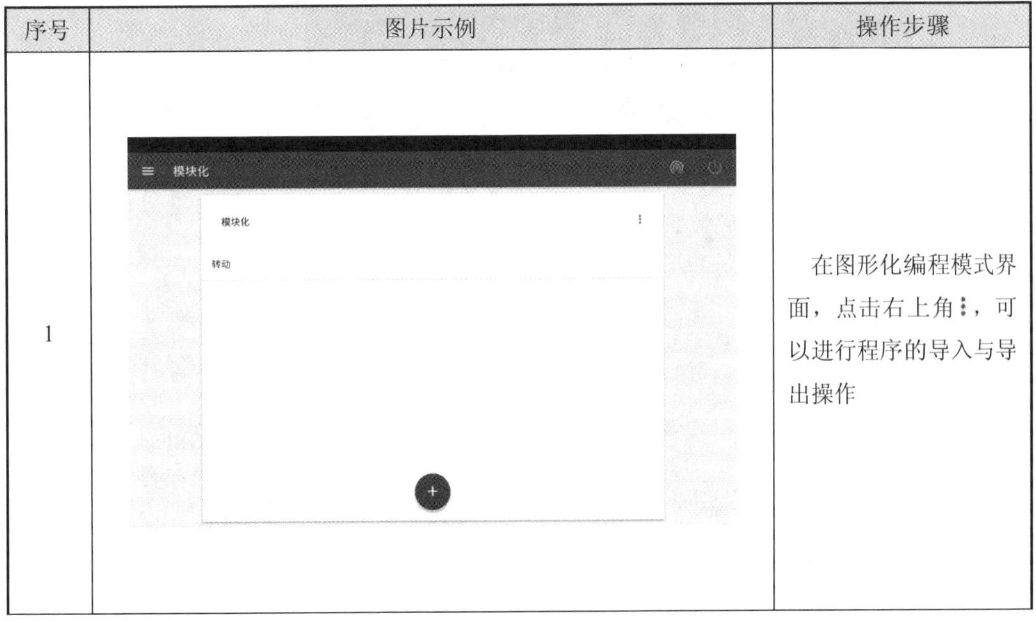	在图形化编程模式界面，点击右上角⋮，可以进行程序的导入与导出操作

续表 8.10

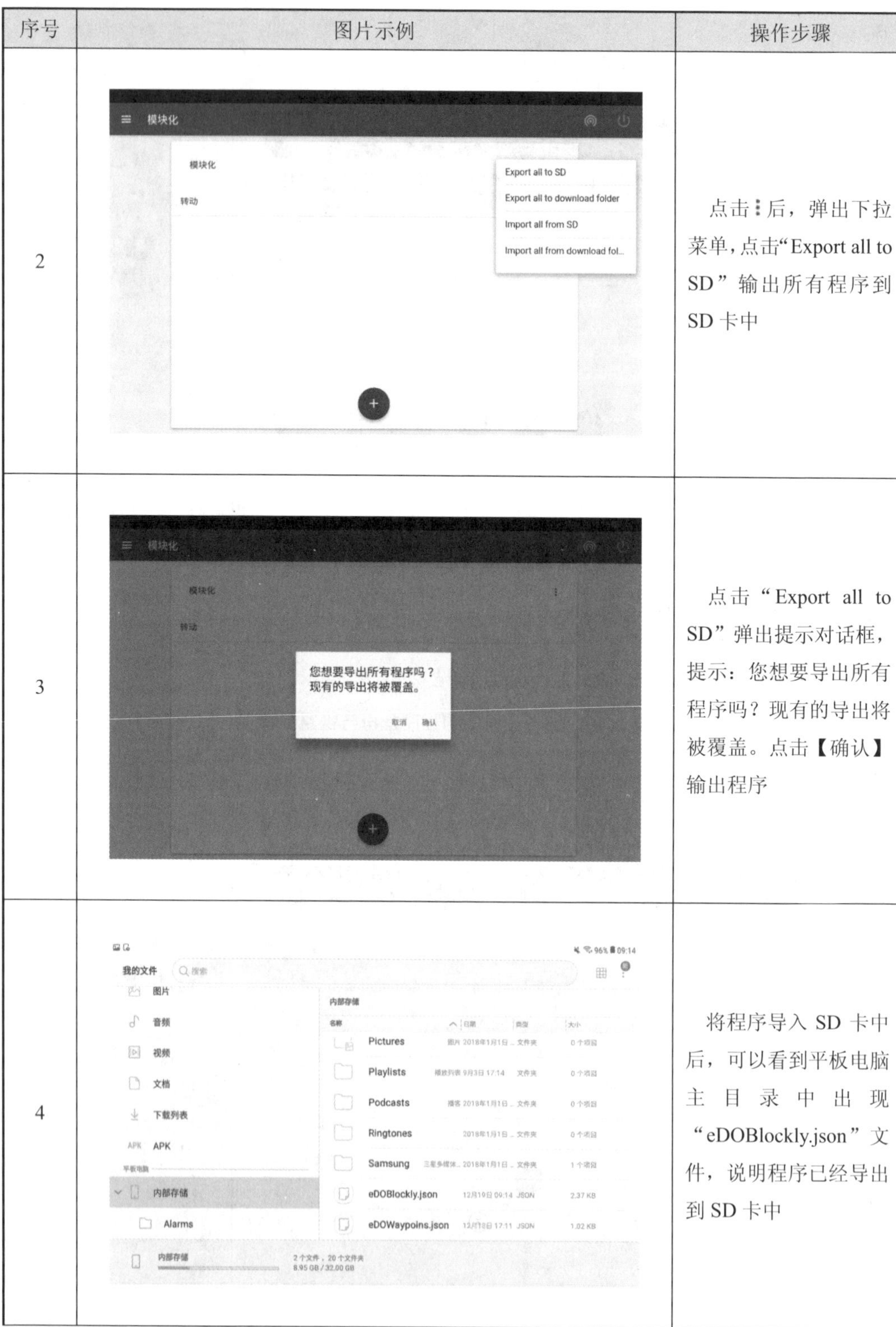

序号	图片示例	操作步骤
2		点击⋮后，弹出下拉菜单，点击“Export all to SD”输出所有程序到SD卡中
3		点击“Export all to SD”弹出提示对话框，提示：您想要导出所有程序吗？现有的导出将被覆盖。点击【确认】输出程序
4		将程序导入SD卡中后，可以看到平板电脑主目录中出现“eDOBlockly.json”文件，说明程序已经导出到SD卡中

续表 8.10

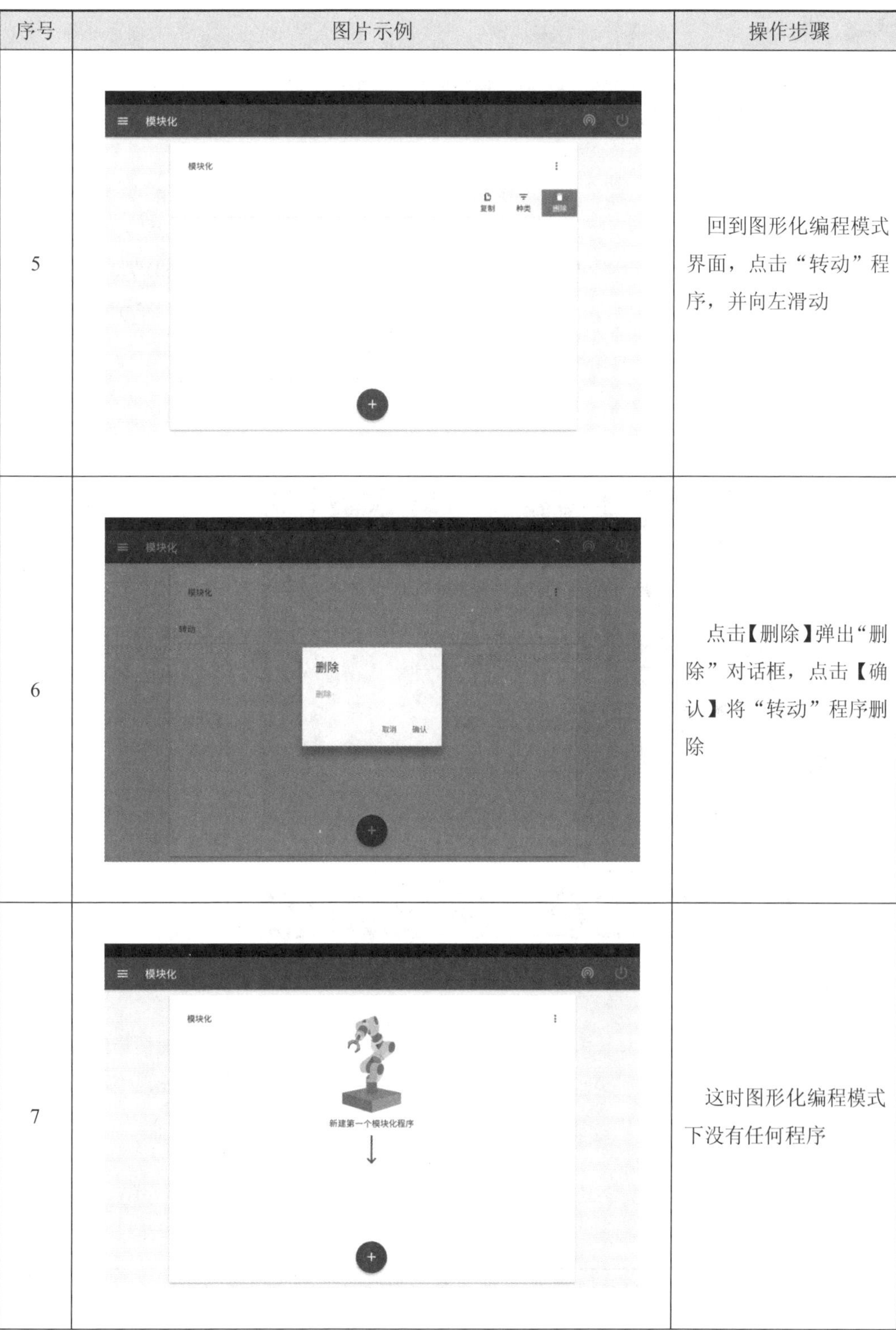

序号	图片示例	操作步骤
5		回到图形化编程模式界面，点击“转动”程序，并向左滑动
6		点击【删除】弹出“删除”对话框，点击【确认】将“转动”程序删除
7		这时图形化编程模式下没有任何程序

续表 8.10

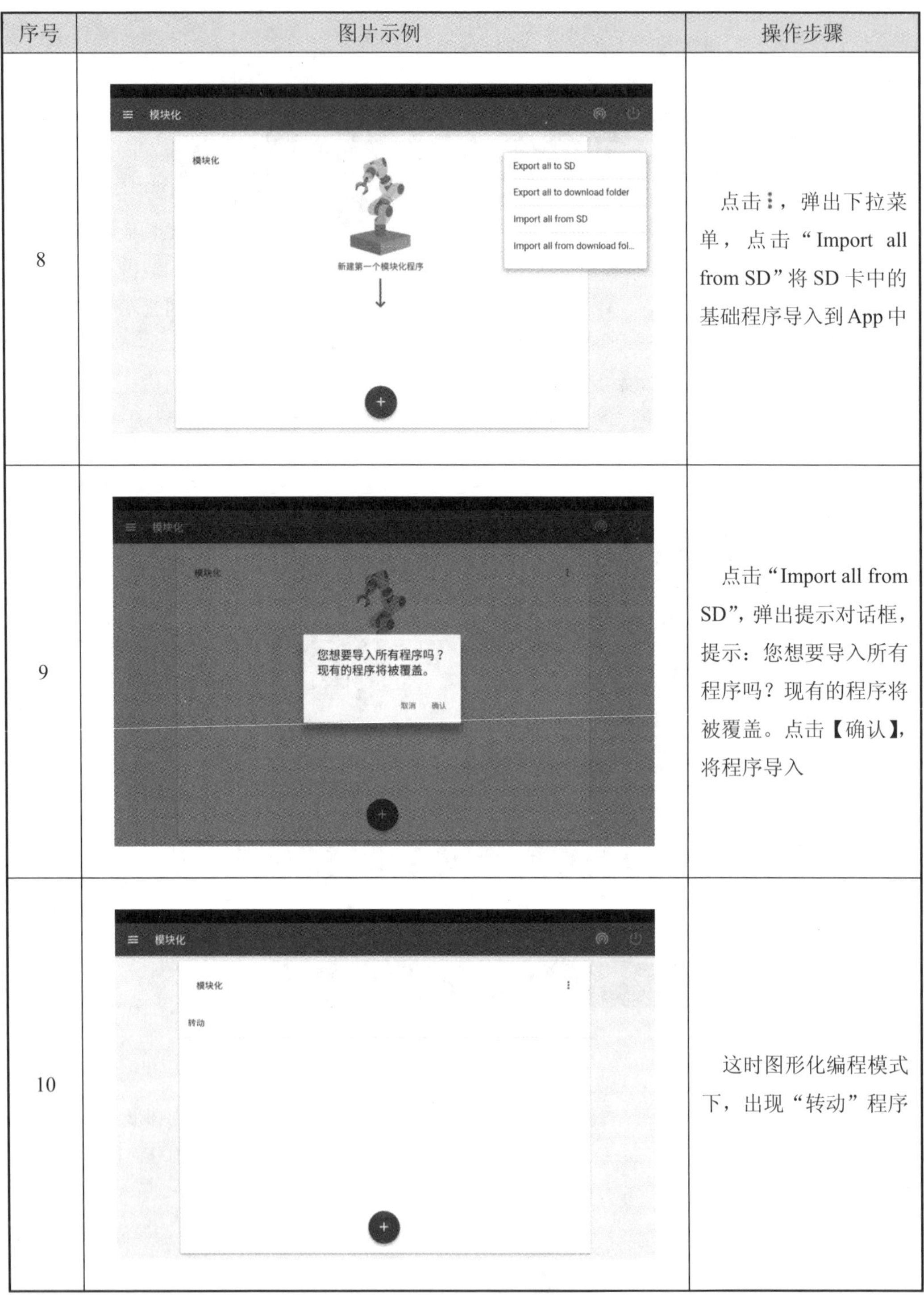

序号	图片示例	操作步骤
8		点击⋮，弹出下拉菜单，点击“Import all from SD”将 SD 卡中的基础程序导入到 App 中
9		点击“Import all from SD”，弹出提示对话框，提示：您想要导入所有程序吗？现有的程序将被覆盖。点击【确认】，将程序导入
10		这时图形化编程模式下，出现“转动”程序

注意：在导入图形化程序时，导入的文件必须在当前平板电脑的根目录下。

8.5　编程实例：物料搬运

※ 编程实例：物料搬运

本实例使用图形拼接模块，以机器人抓取图形拼接模块中的物料块为例，演示 e.Do 机器人的图形化编程过程。

物料搬运动作流程：

➢ 图形拼接模块上有正长方体物料块。

➢ 搬运动作：将长方体物料块从图形拼接模块所在的三角形位置搬运至机器人小人位置。

➢ 搬运动作由 6 轴末端夹爪工具完成，无需工具坐标系设定。

路径规划：搬运起始位 P310→物料块正上方 P320→抓取物料位 P330→提起物料位 P340→平移到物料放置区上方 P350→放下物料块 P360→回到物料放置区上方 P350→回到搬运起始位 P310，如图 8.3 所示。

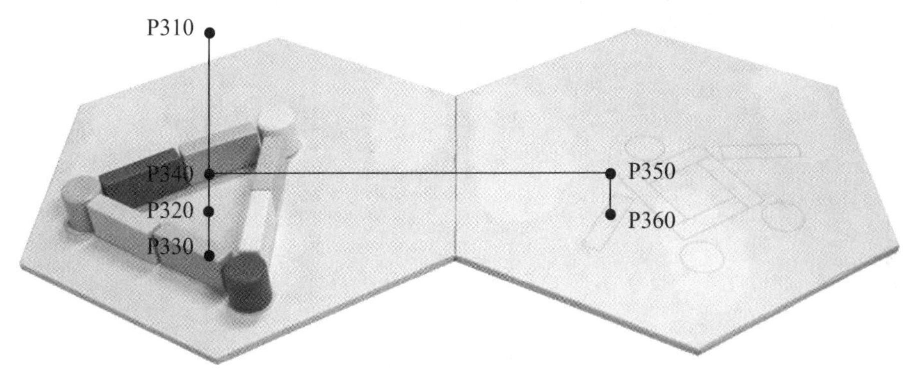

图 8.3　物料搬运路径规划

编程前准备：

（1）安装图形拼接模块。

（2）检查机器人是否在零点校准位。

（3）机器人操作界面为图形化编程界面。

图形化编程实例——物料搬运的操作步骤具体见表 8.11。

表 8.11　物料搬运实例操作步骤

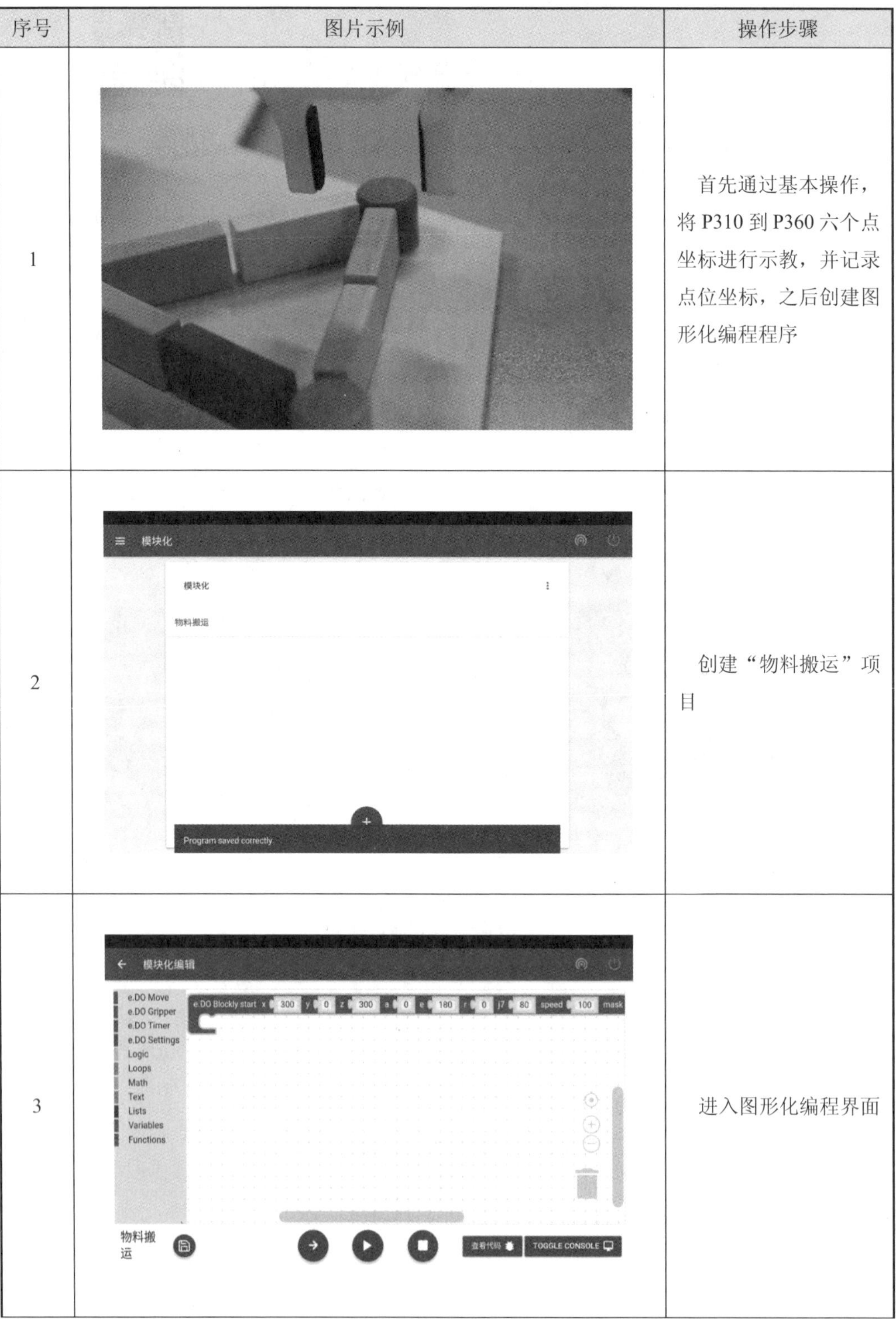

序号	图片示例	操作步骤
1		首先通过基本操作，将 P310 到 P360 六个点坐标进行示教，并记录点位坐标，之后创建图形化编程程序
2		创建“物料搬运”项目
3		进入图形化编程界面

续表 8.11

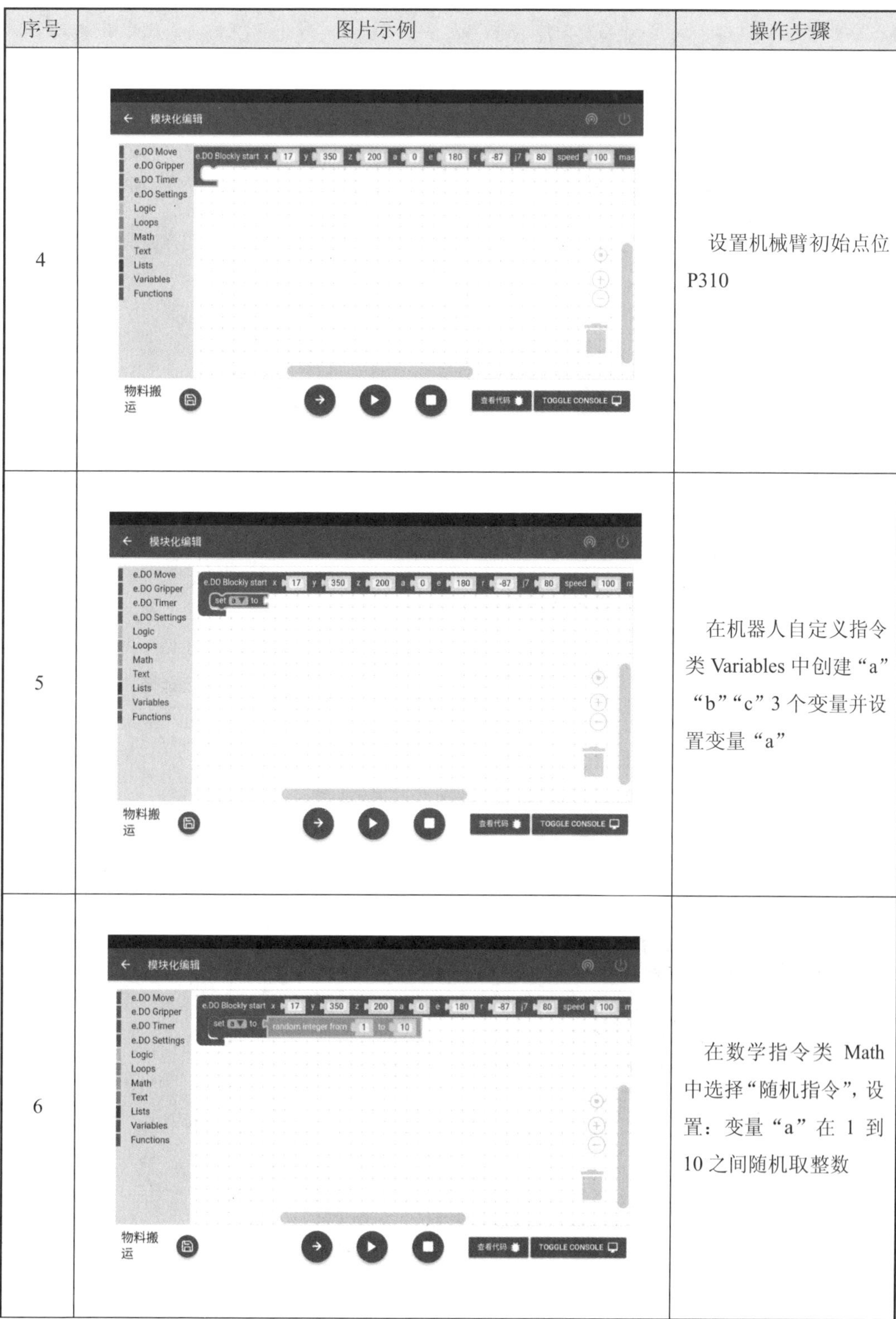

序号	图片示例	操作步骤
4		设置机械臂初始点位 P310
5		在机器人自定义指令类 Variables 中创建“a”“b”“c” 3 个变量并设置变量“a”
6		在数学指令类 Math 中选择“随机指令”，设置：变量“a”在 1 到 10 之间随机取整数

续表 8.11

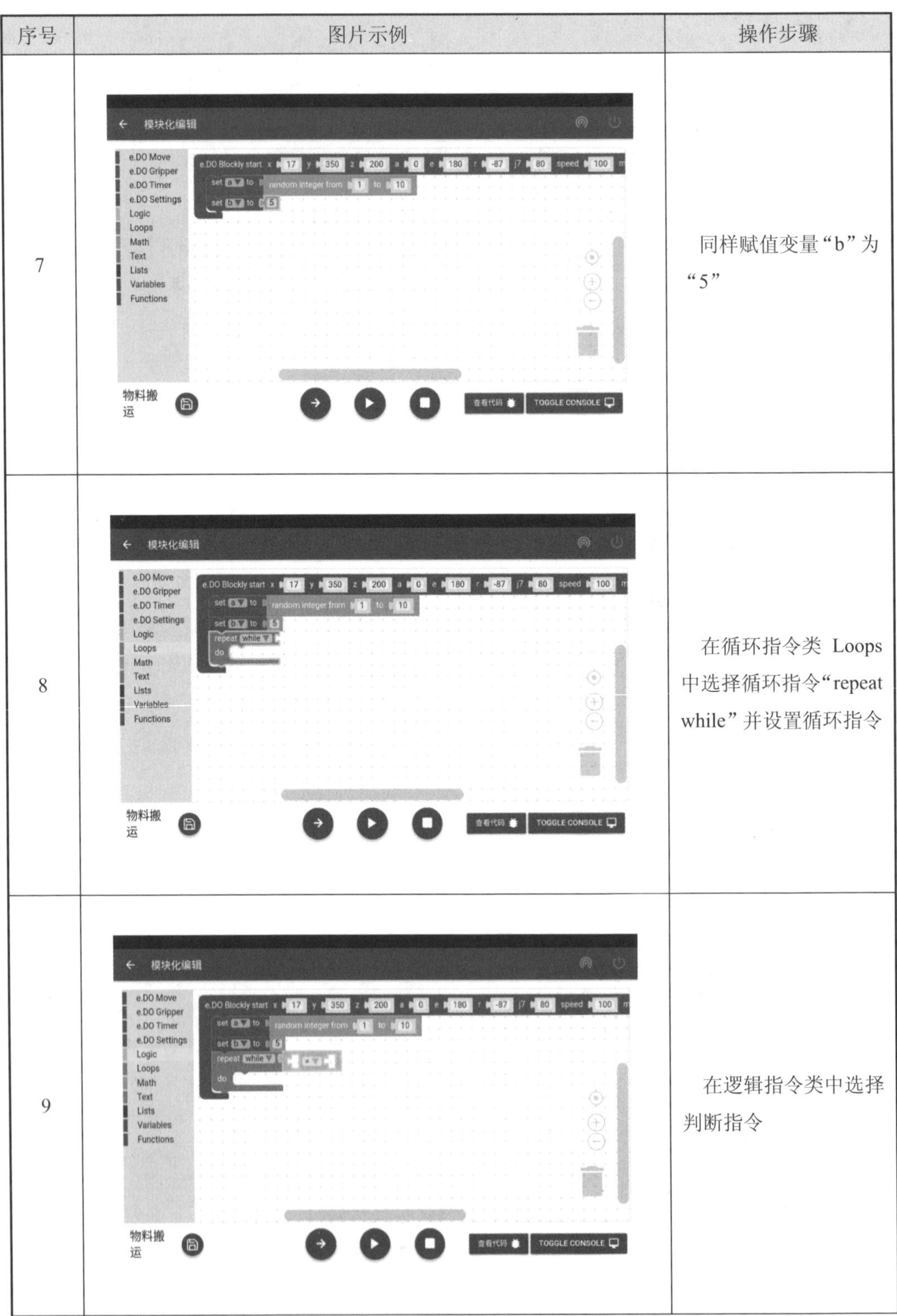

序号	图片示例	操作步骤
7		同样赋值变量“b”为“5”
8		在循环指令类 Loops 中选择循环指令“repeat while”并设置循环指令
9		在逻辑指令类中选择判断指令

续表 8.11

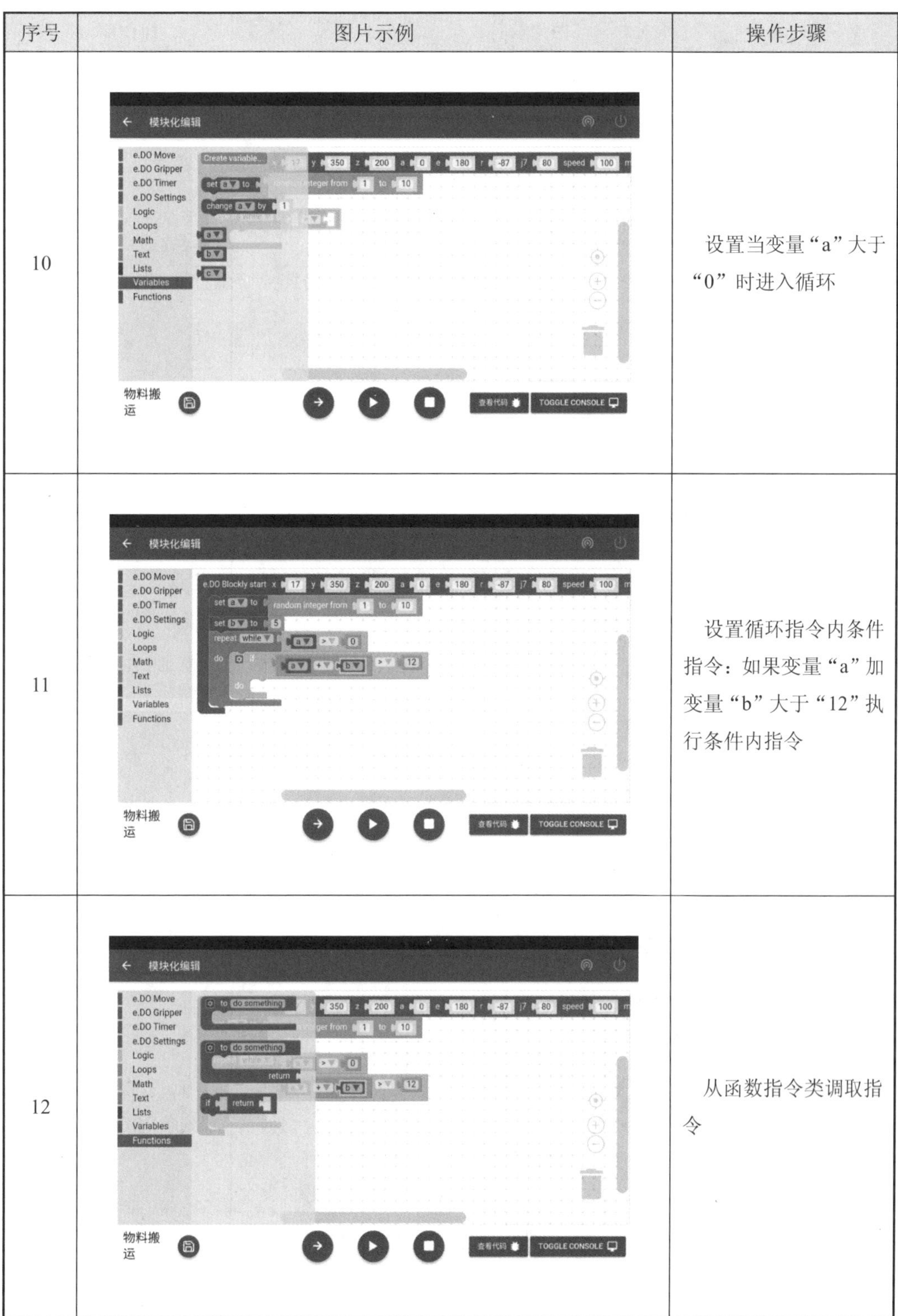

序号	图片示例	操作步骤
10		设置当变量“a”大于“0”时进入循环
11		设置循环指令内条件指令：如果变量“a”加变量“b”大于“12”执行条件内指令
12		从函数指令类调取指令

续表 8.11

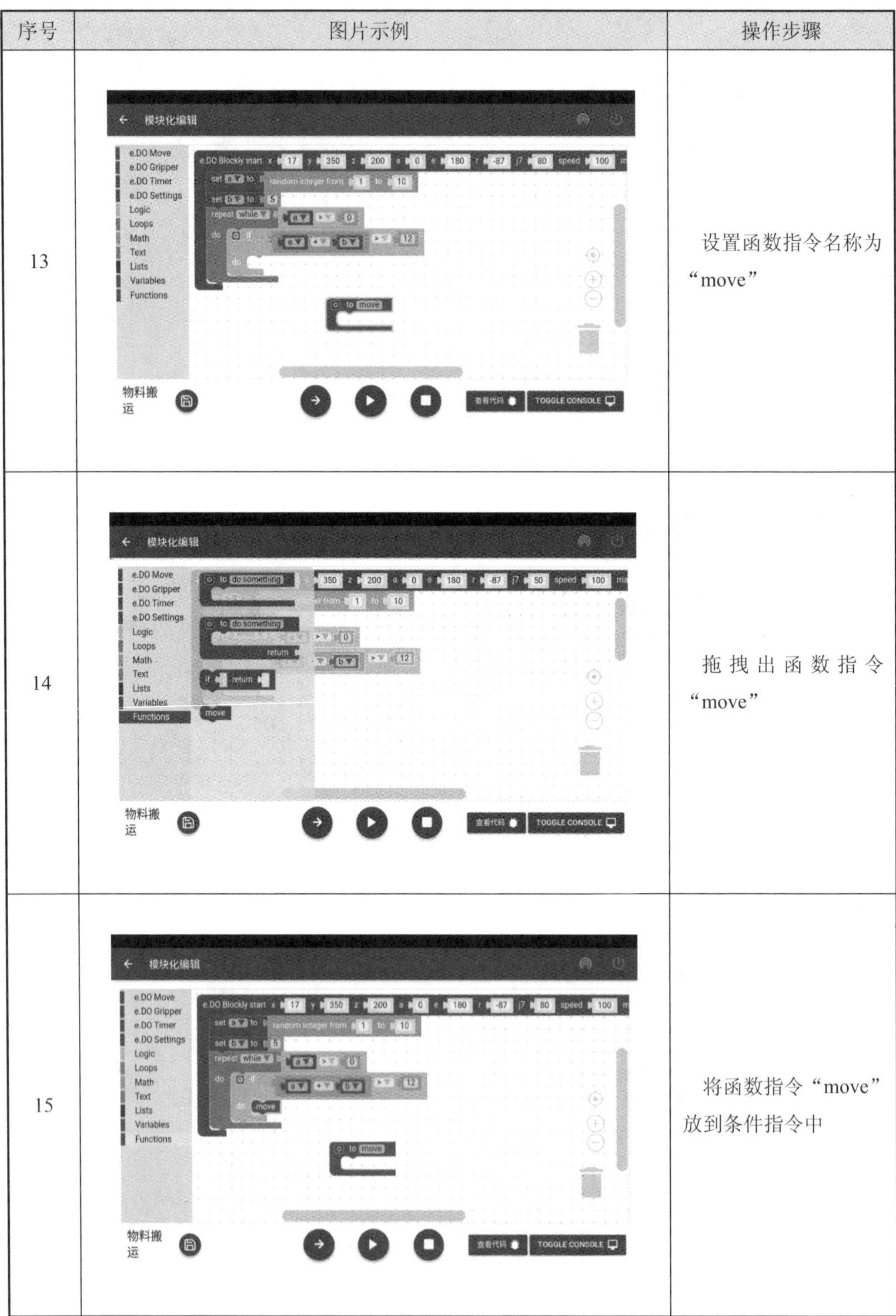

序号	图片示例	操作步骤
13		设置函数指令名称为“move”
14		拖拽出函数指令“move”
15		将函数指令“move”放到条件指令中

续表 8.11

序号	图片示例	操作步骤
16	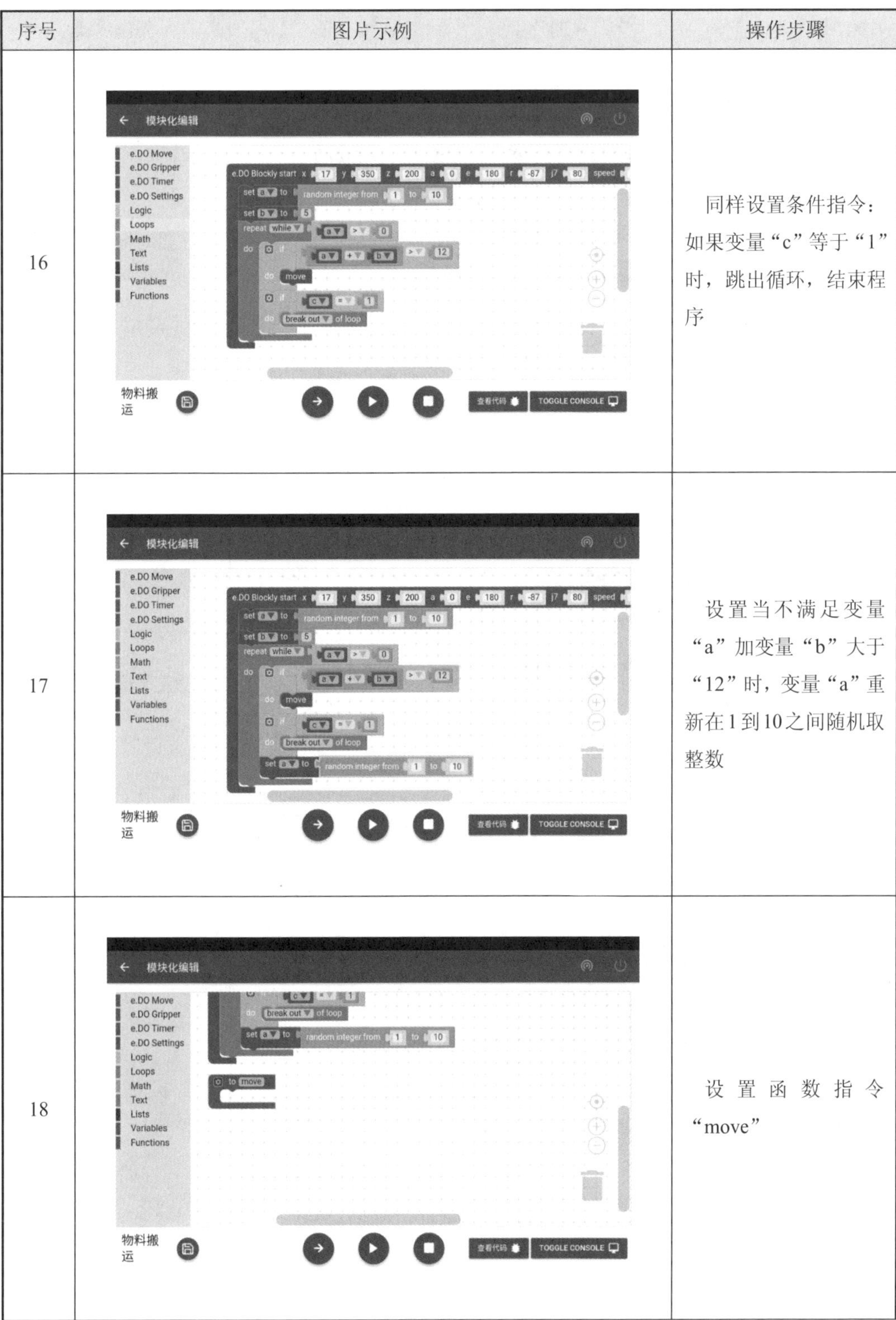	同样设置条件指令：如果变量“c”等于“1”时，跳出循环，结束程序
17		设置当不满足变量“a”加变量“b”大于“12”时，变量“a”重新在1到10之间随机取整数
18		设置函数指令“move”

续表 8.11

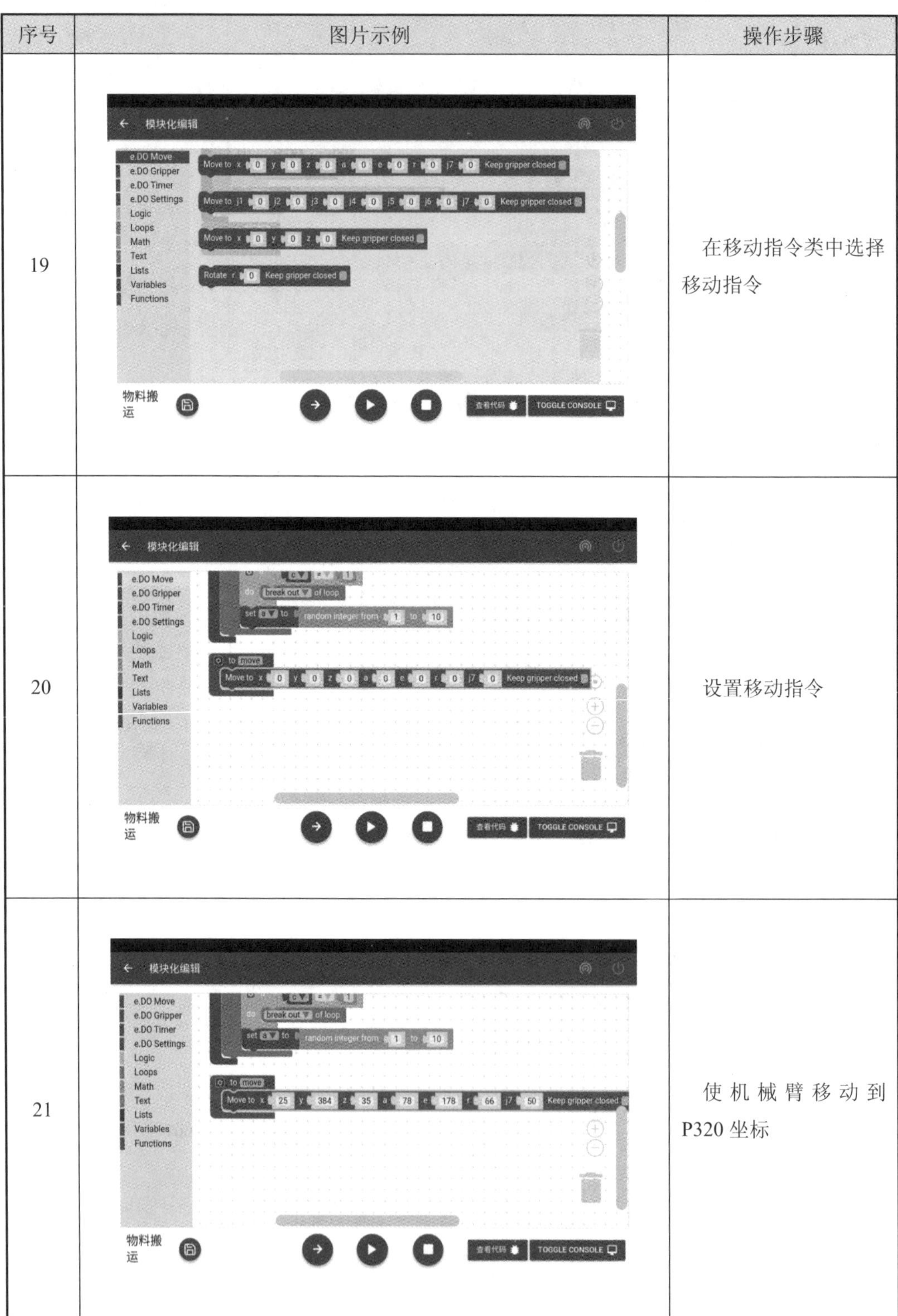

序号	图片示例	操作步骤
19		在移动指令类中选择移动指令
20		设置移动指令
21		使机械臂移动到 P320 坐标

续表 8.11

序号	图片示例	操作步骤
22	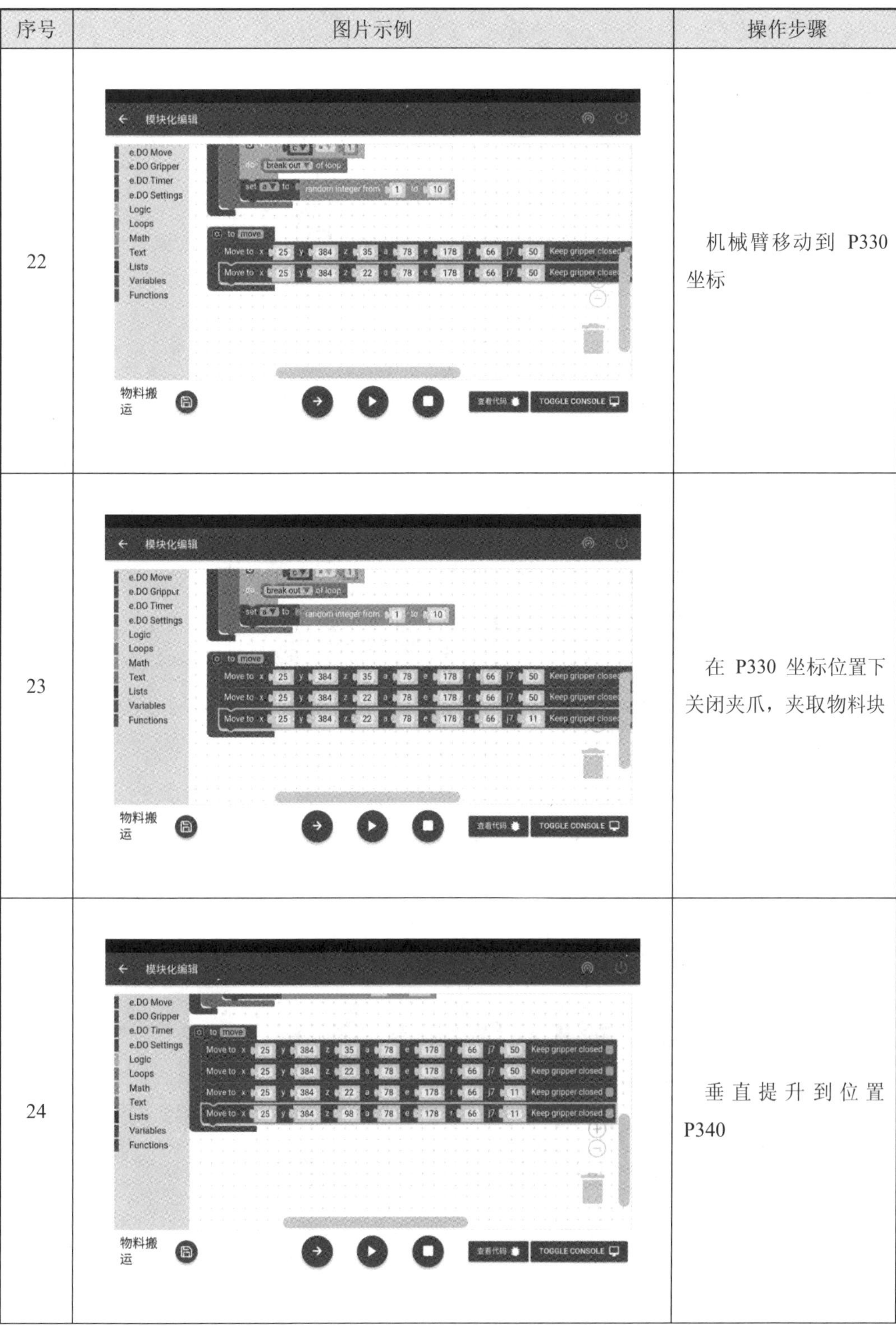	机械臂移动到 P330 坐标
23		在 P330 坐标位置下关闭夹爪，夹取物料块
24		垂直提升到位置 P340

续表 8.11

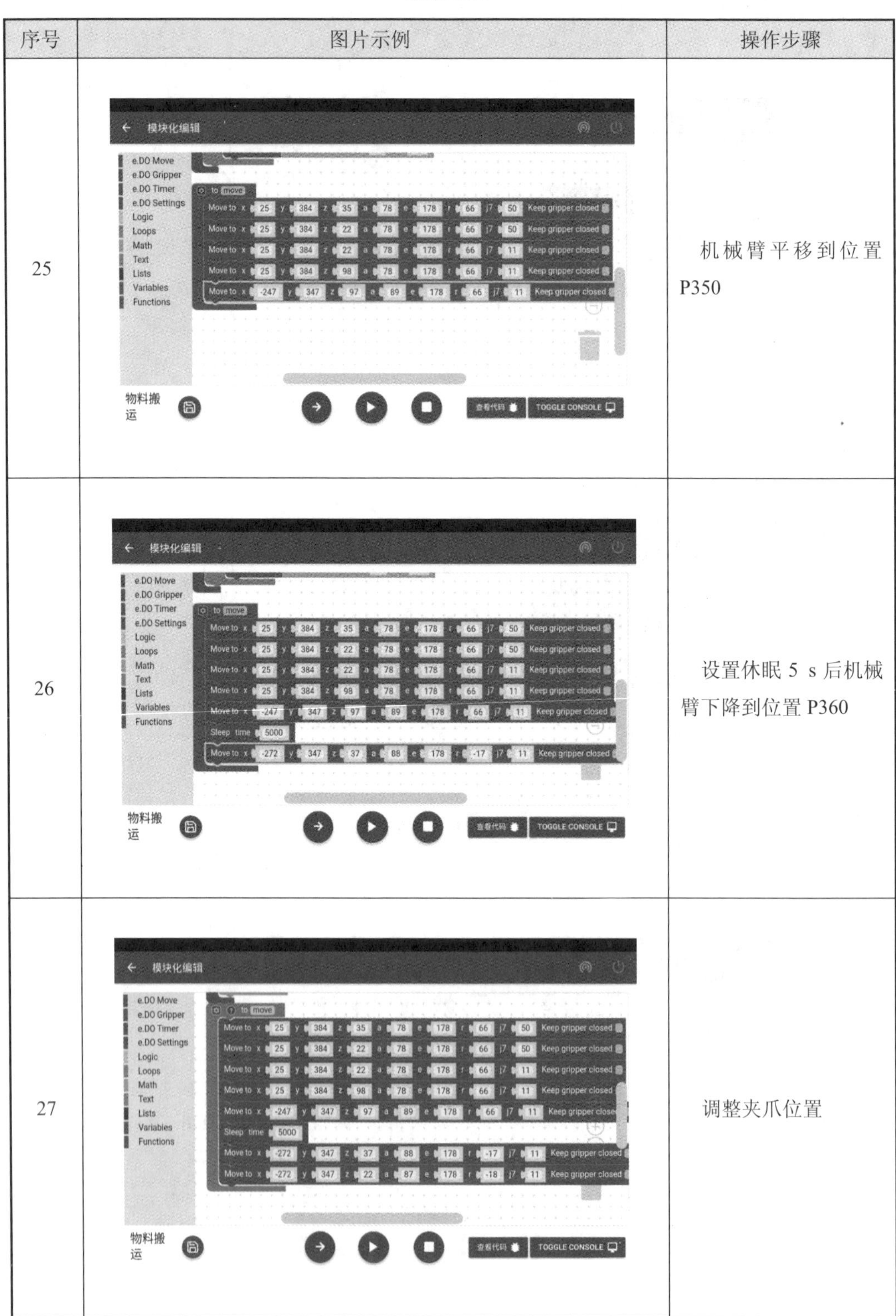

序号	图片示例	操作步骤
25		机械臂平移到位置 P350
26		设置休眠 5 s 后机械臂下降到位置 P360
27		调整夹爪位置

续表 8.11

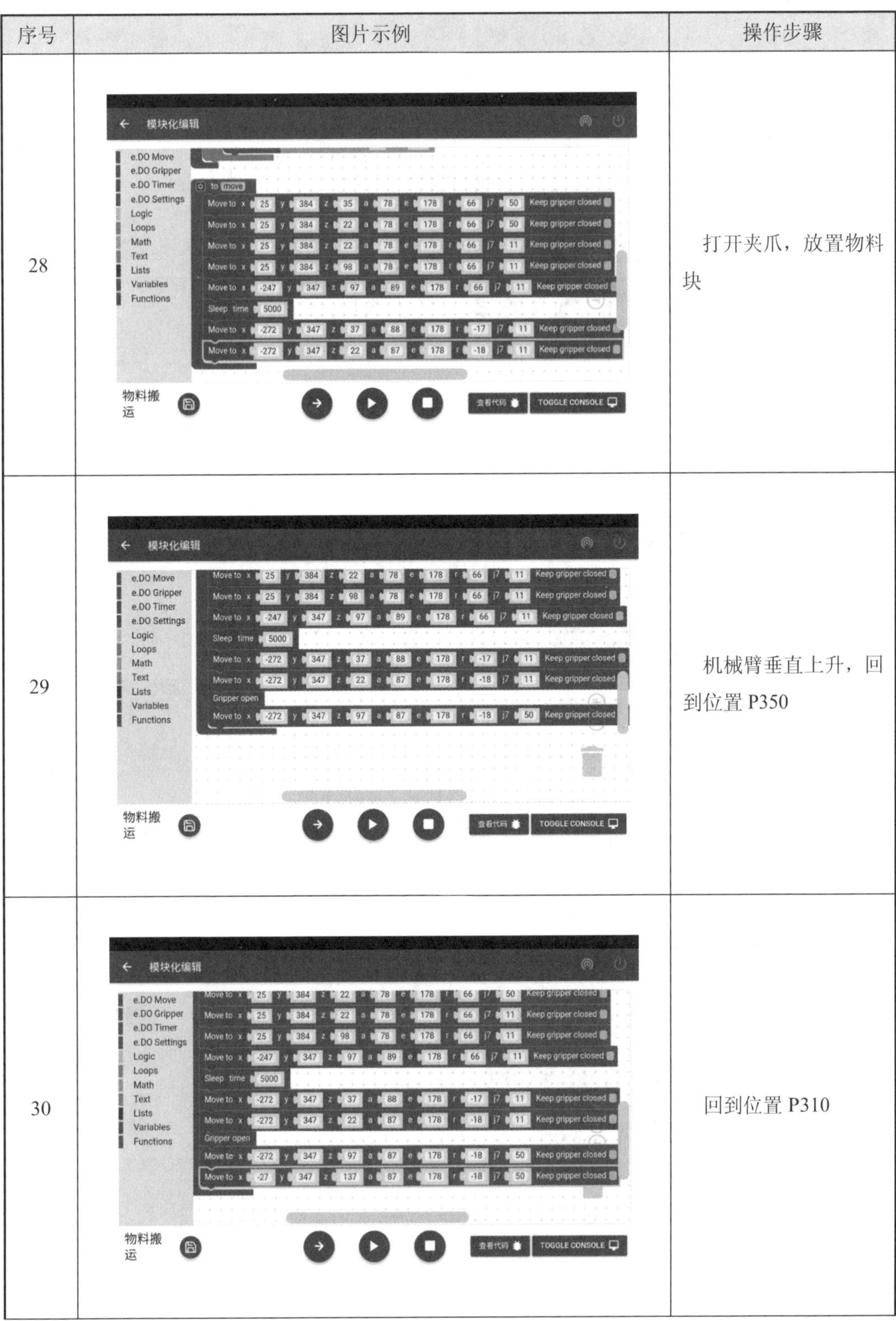

序号	图片示例	操作步骤
28		打开夹爪，放置物料块
29		机械臂垂直上升，回到位置 P350
30		回到位置 P310

续表 8.11

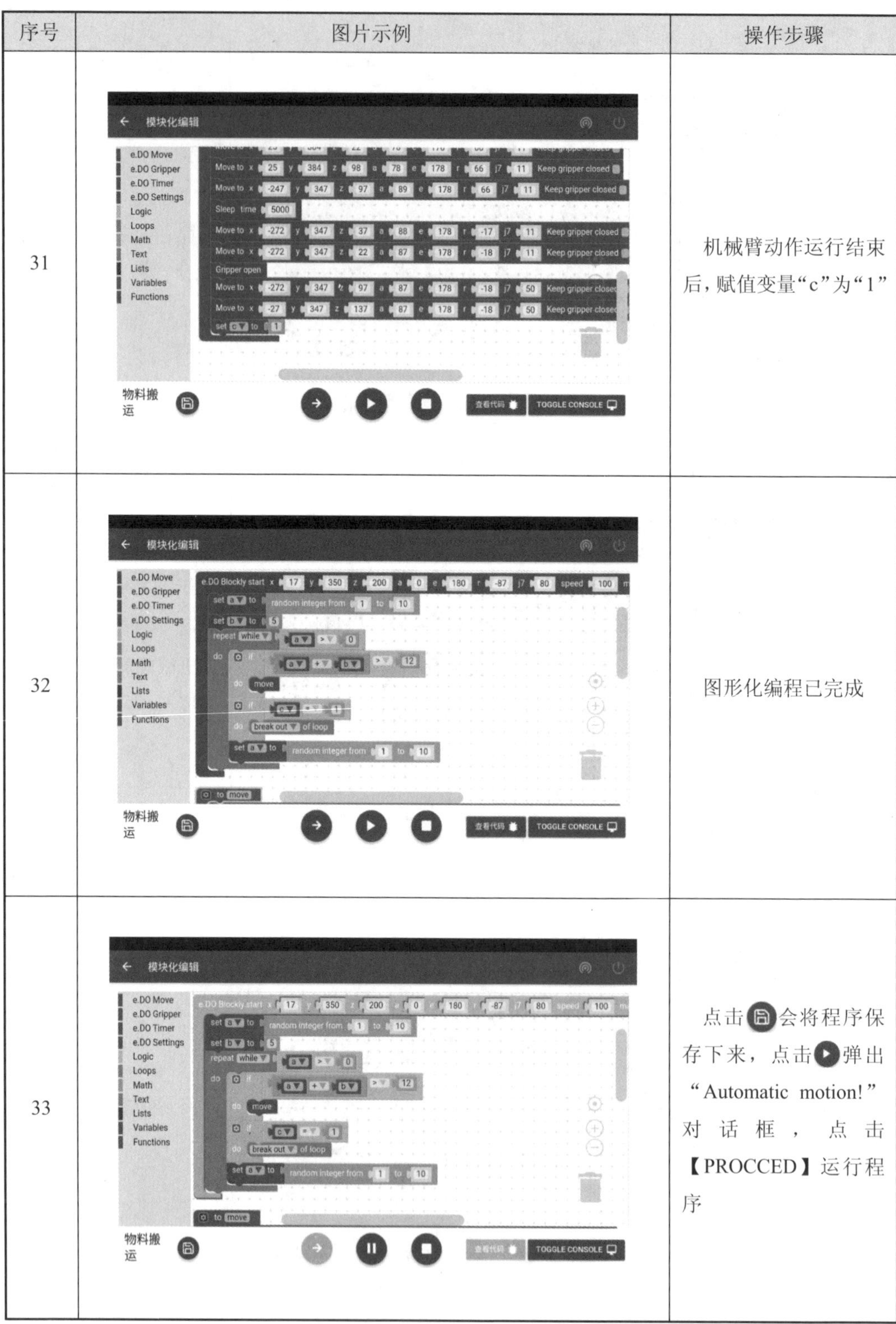

序号	图片示例	操作步骤
31		机械臂动作运行结束后，赋值变量“c”为“1”
32		图形化编程已完成
33		点击会将程序保存下来，点击弹出“Automatic motion!”对话框，点击【PROCCED】运行程序

物料搬运实例的机械臂运动轨迹如图 8.3 所示。

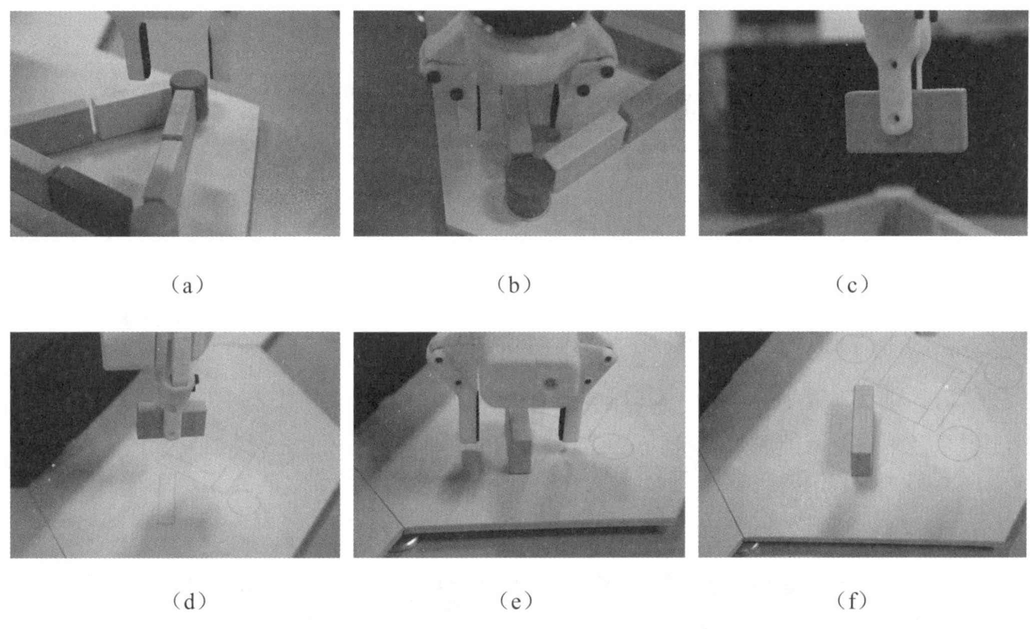

（a）　（b）　（c）

（d）　（e）　（f）

图 8.4　物料搬运实例的机械臂运动轨迹

思考题

1. 图形化编程有哪些常用命令？
2. 怎样进行图形化编程？
3. 图形化编程在程序导入过程中需要注意什么？

第 9 章　扩展插件应用

9.1　插件介绍

❋ 插件介绍

e.Do 机器人 App 的插件是一种遵循控制机器人的应用程序接口规则编写出来的程序，其只能运行在 e.Do 机器人 App 的平台下，而不能脱离 App 单独运行。e.Do 机器人 App 全部插件如图 9.1 所示。每个插件均各具特色，具体插件介绍详见表 9.1。

图 9.1　e.Do 机器人 App 全部插件

表 9.1　e.Do 机器人 App 各部分插件

序号	图　例	说　明
1	曲线	**曲线插件：** 根据输入方程数值绘画数学曲线
2	点	**点插件：** 可以根据坐标或手动操作绘画点

续表 9.1

序号	图　例	说　明
3	货物	**货物插件**：用户通过选择字母，使机器人执行物料抓取动作
4	选择	**选择插件**：通过自选或者随机排序，使机器人将 24 个带有字母的物料块全部回收
5	▶ 物流	**物流插件**：模拟工厂物料搬运功能
6	T-Blocks	**T-Blocks 插件**：T-blocks 图形化编程

9. 2　货物插件

※ 货物插件

本实例使用货物模块，详细展示货物插件的操作方法。

货物插件操作流程：

➢ 货物模块上摆放 24 个字母块。

➢ 互动动作：用户通过选择字母实现机械臂夹取字母块并放置到输送区。

➢ 夹取动作由 6 轴末端夹爪工具完成，无需工具坐标系设定。

路径规划：首页位置 P410→字母位置→首页位置 P410→送递位置 P420，如图 9.2 所示。

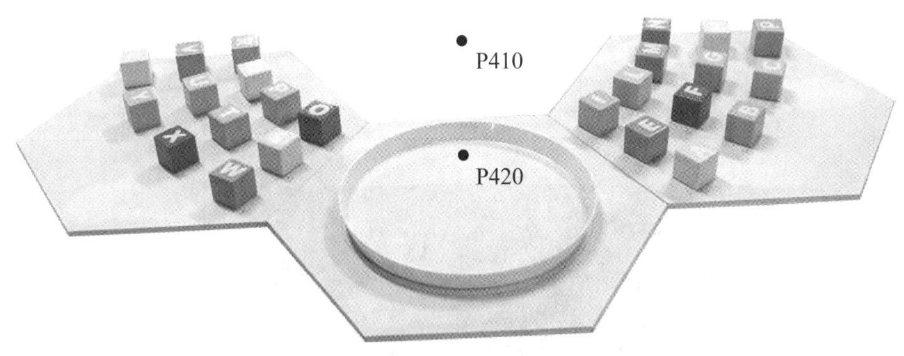

图 9.2　货物插件路径规划

编程前准备：

（1）安装货物模块。

（2）检查机器人是否在零点校准位。

（3）机器人操作界面为货物插件界面。

货物插件实例的操作步骤具体见表 9.2。

表 9.2　货物插件实例的操作步骤

序号	图片示例	操作步骤
1	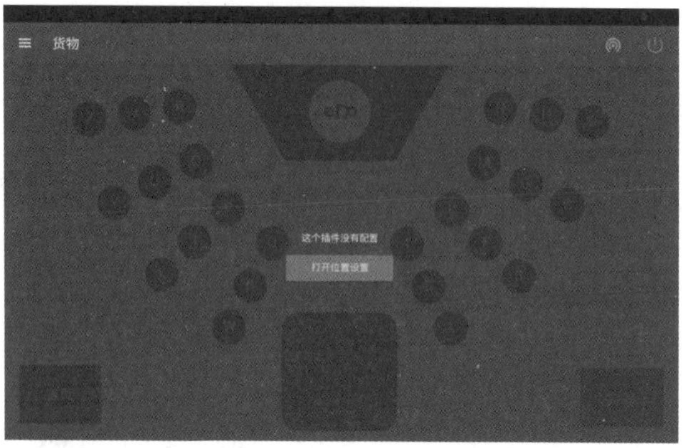	进入货物插件操作界面，点击【打开位置设置】进入位置设置界面
2	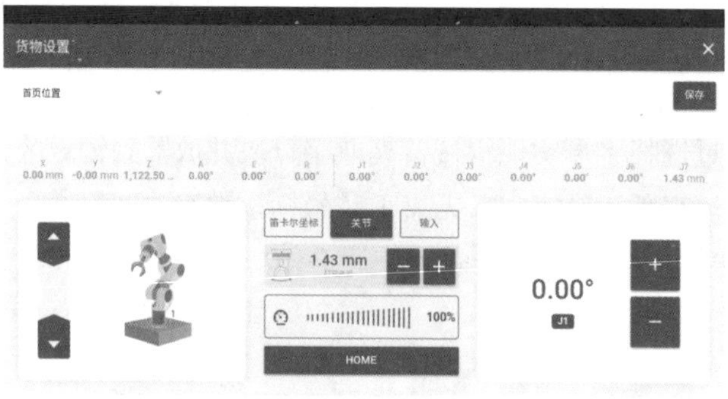	设置“首页位置”坐标即起始位置坐标
3		“首页位置”坐标P410

续表 9.2

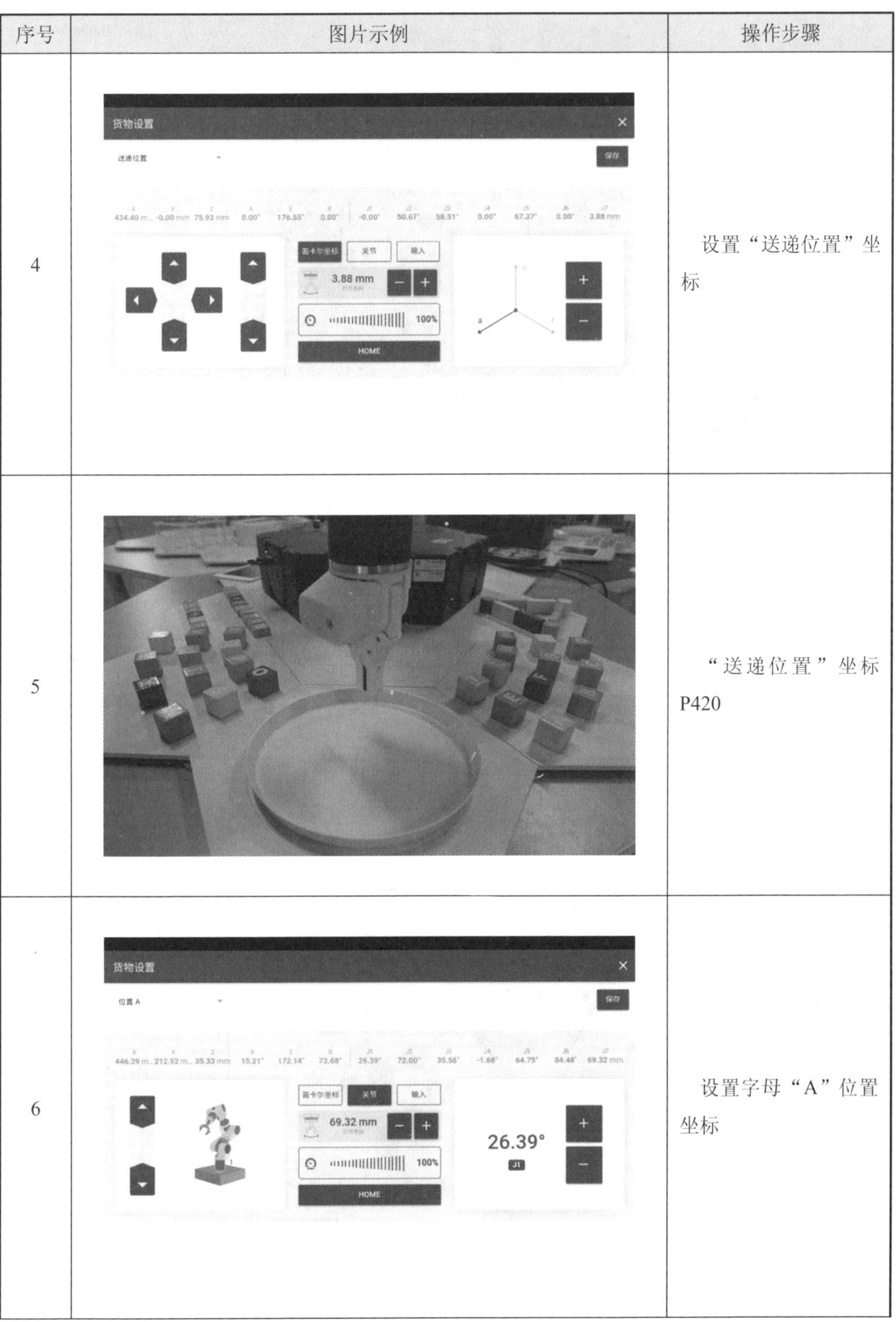

序号	图片示例	操作步骤
4		设置“送递位置”坐标
5		“送递位置”坐标 P420
6		设置字母“A”位置坐标

续表 9.2

序号	图片示例	操作步骤
7		字母“A”坐标位置
8		24 个字母位置设置完成
9	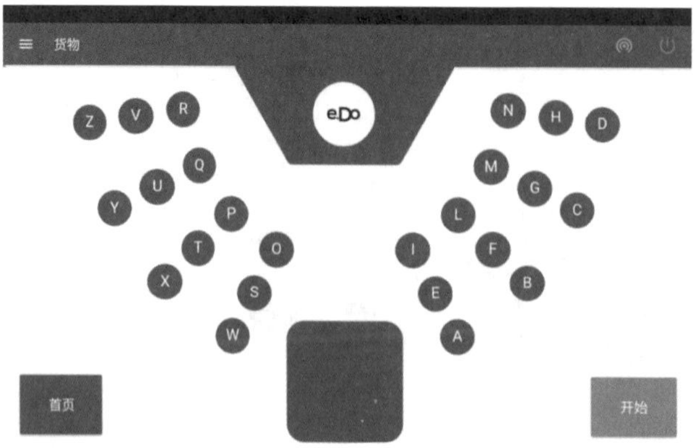	回到货物插件主界面

续表 9.2

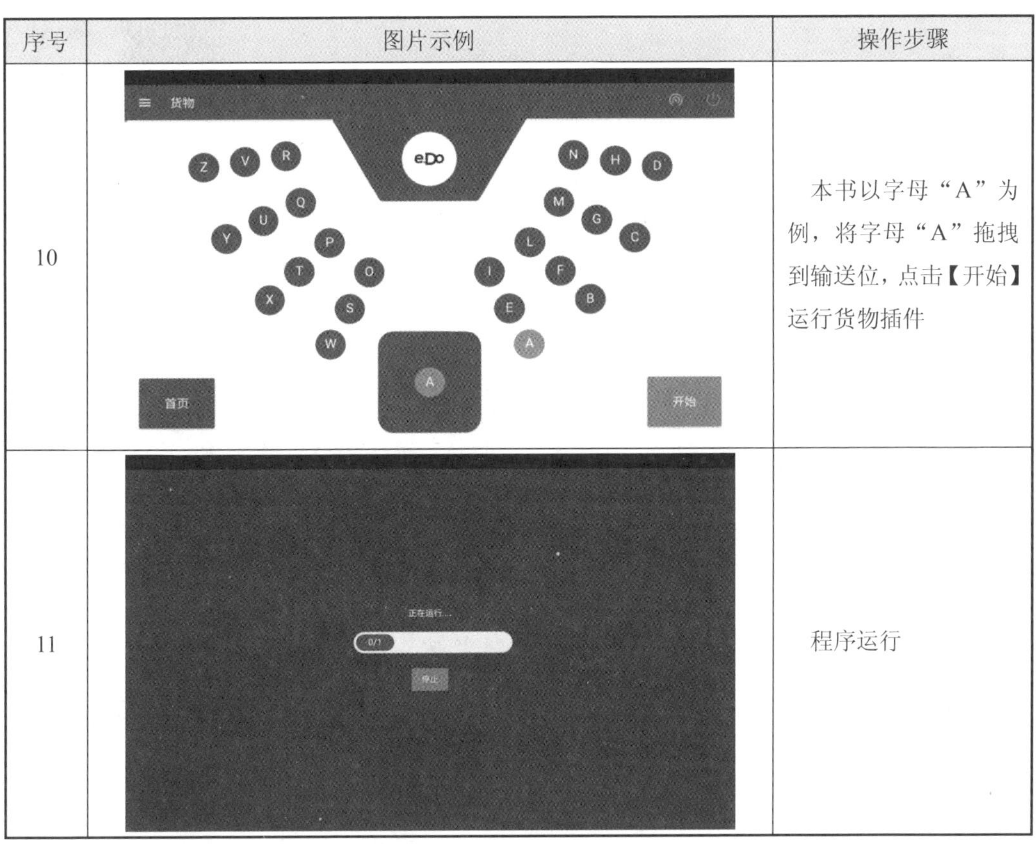

序号	图片示例	操作步骤
10	货物 Z V R Q U Y P T O X S W eDo N H D M G C L F I E B A A 首页 开始	本书以字母“A”为例，将字母“A”拖拽到输送位，点击【开始】运行货物插件
11	正在运行… 0/1 停止	程序运行

货物插件实例的机械臂运动轨迹如图 9.3 所示。

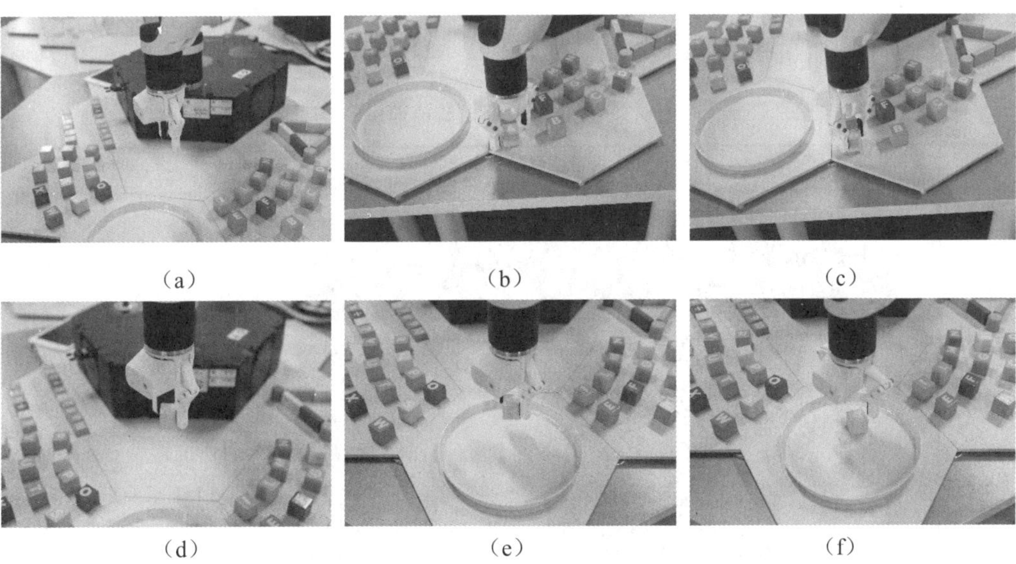

（a）　（b）　（c）

（d）　（e）　（f）

图 9.3　货物插件实例的机械臂运动轨迹

9.3 选择插件

※ 选择插件

本实例使用货物模块，详细展示选择插件的操作方法。

选择插件操作流程：

- 货物模块上摆放 24 个字母块。
- 互动动作：用户通过选择字母顺序实现机械臂夹取字母并放置到输送区。
- 夹取动作由 6 轴末端夹爪工具完成，无需工具坐标系设定。

路径规划：首页位置 P510→字母位置→首页位置 P510→送递位置 P520，如图 9.4 所示。

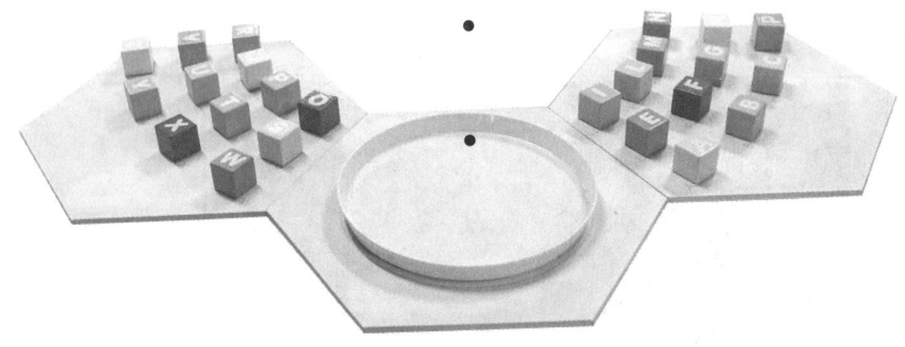

图 9.4　选择插件路径规划

编程前准备：

（1）安装货物模块。

（2）检查机器人是否在零点校准位。

（3）机器人操作界面为选择插件界面。

选择插件实例的操作步骤具体见表 9.3。

表 9.3　选择插件实例的操作步骤

序号	图片示例	操作步骤
1		进入选择插件界面，点击【打开位置设置】进入位置设置界面

续表 9.3

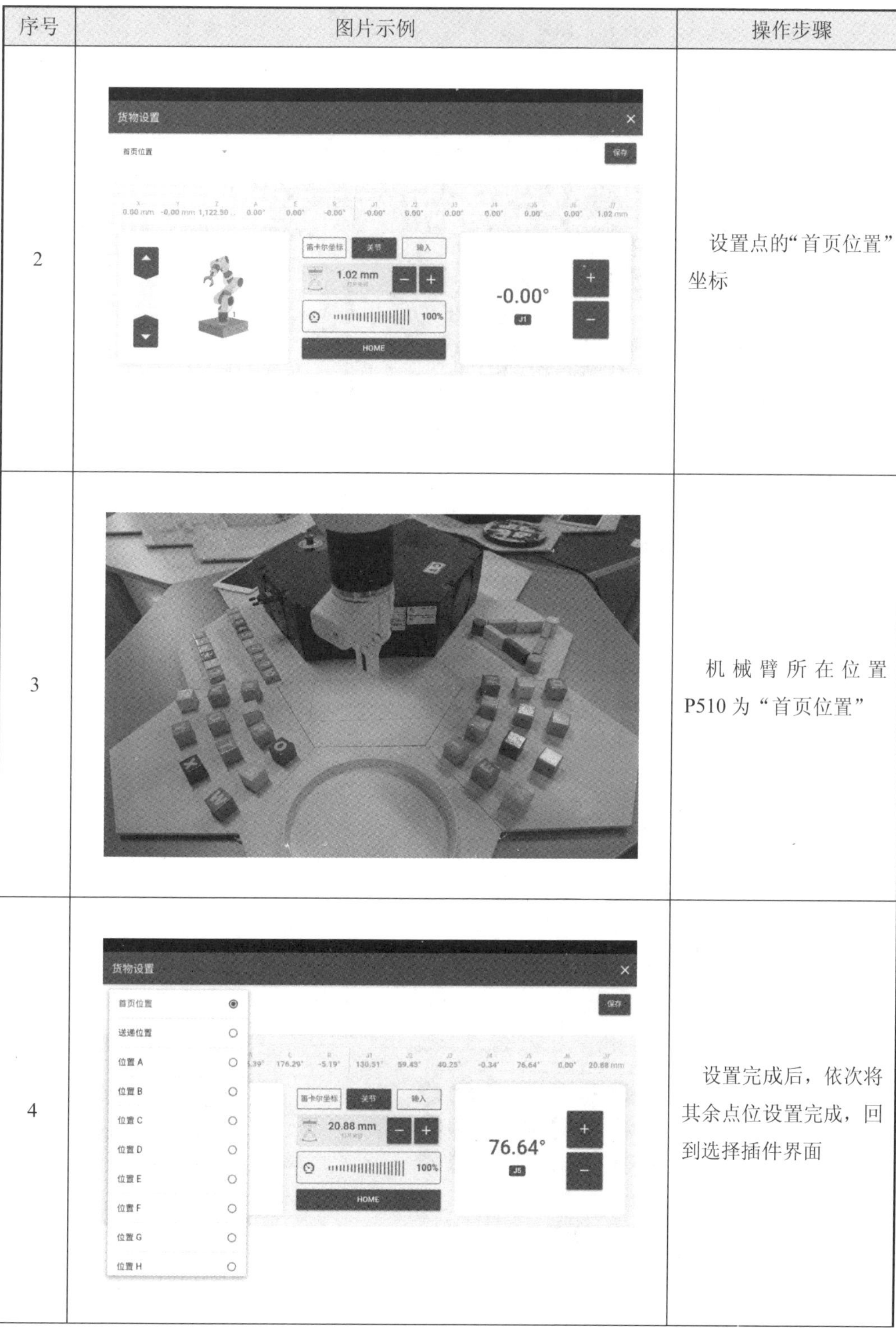

序号	图片示例	操作步骤
2		设置点的“首页位置”坐标
3		机械臂所在位置 P510 为“首页位置”
4		设置完成后，依次将其余点位设置完成，回到选择插件界面

续表 9.3

序号	图片示例	操作步骤
5	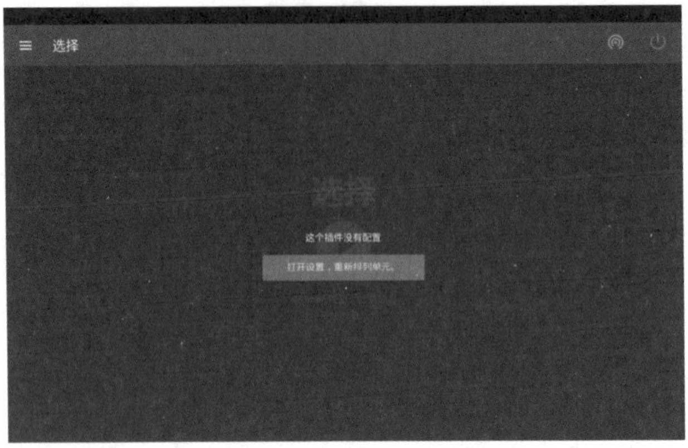	点击【打开设置，重新排列单元】,进入重新排列物品界面
6		点击【随机】随机设置字母抓取顺序
7		点击【保存】完成设定，回到选择插件界面

续表 9.3

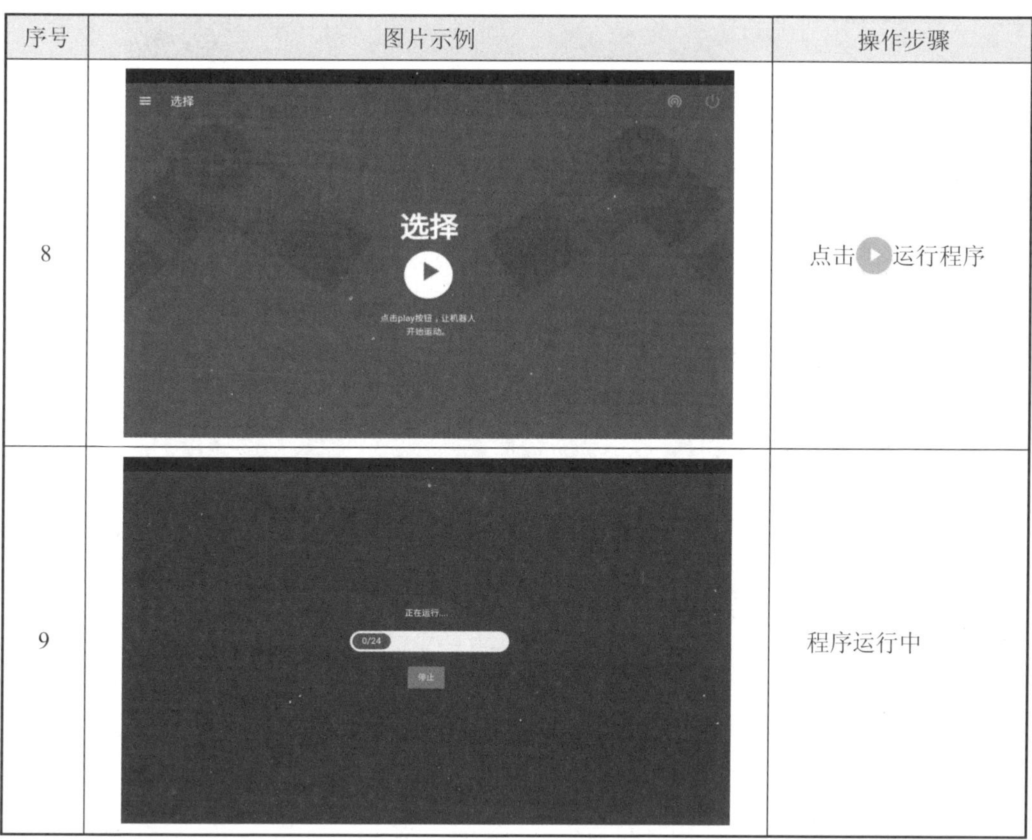

序号	图片示例	操作步骤
8		点击▶运行程序
9		程序运行中

选择插件实例的机械臂运动轨迹如图 9.5 所示。

（a）　（b）

（c）　（d）

图 9.5　选择插件实例的机械臂运动轨迹

9.4　物流插件

※ 物流插件

本实例使用货物模块，详细展示物流插件的操作方法。

物流插件操作流程：

- 货物模块上摆放 25 个字母块。
- 夹取动作：夹取物料抓取路线上字母块“T”上方的字母块“J”到物料储放区。
- 夹取动作由 6 轴末端夹爪工具完成，无需工具坐标系设定。

路径规划：左极限位置 P610→字母块“J”位置 P620→松开位置 P630→右极限位置 P640→首页位置 P650，如图 9.6 所示。

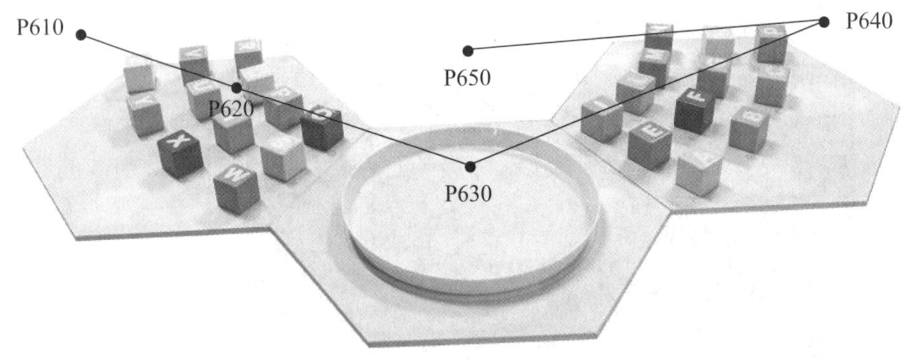

图 9.6　物流插件路径规划

编程前准备：

（1）安装货物模块。

（2）检查机器人是否在零点校准位。

（3）机器人操作界面为物流插件界面。

物流插件实例的操作步骤具体见表 9.4。

表 9.4　物流插件实例的操作步骤

序号	图片示例	操作步骤
1		进入物流插件界面，点击【打开设置】

续表 9.4

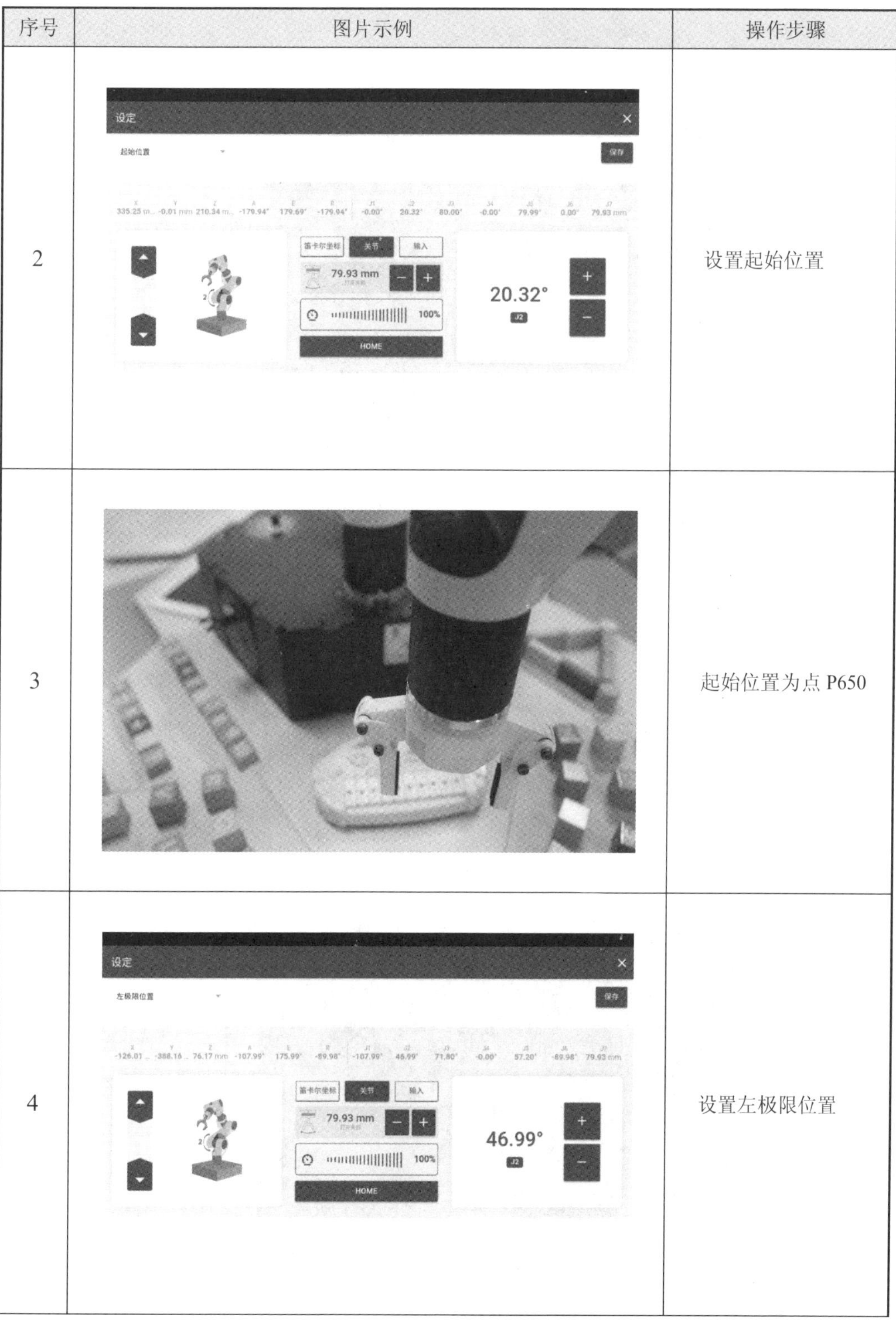

序号	图片示例	操作步骤
2		设置起始位置
3		起始位置为点 P650
4		设置左极限位置

续表 9.4

序号	图片示例	操作步骤
5	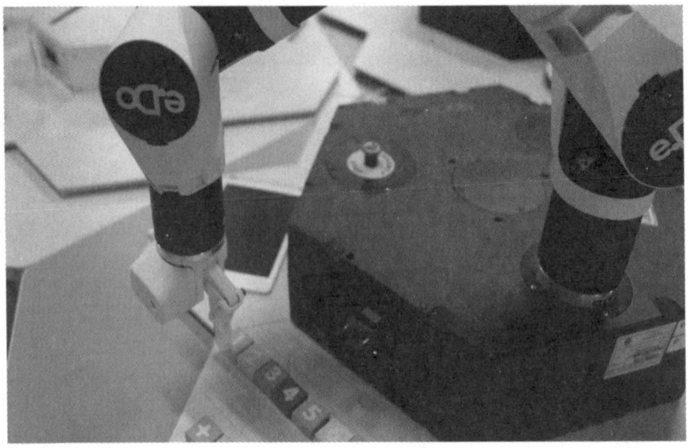	左极限位置为点P610
6	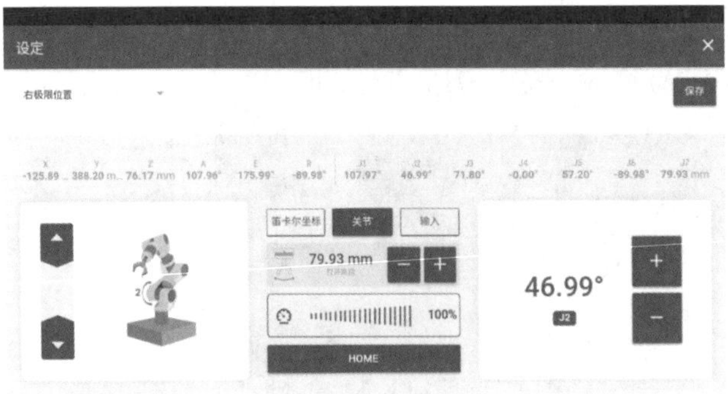	设置右极限位置
7	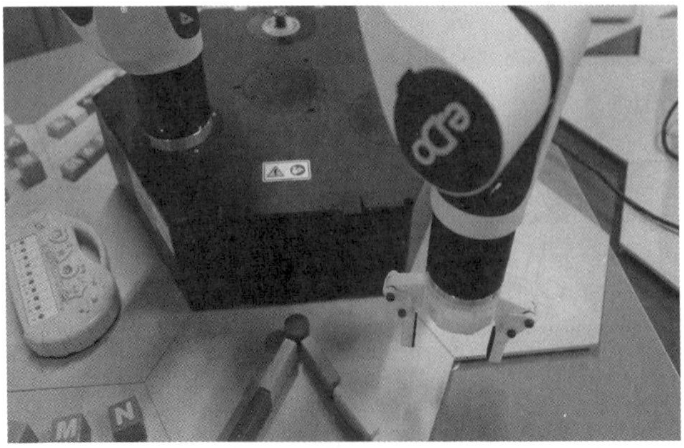	右极限位置为点P640

续表 9.4

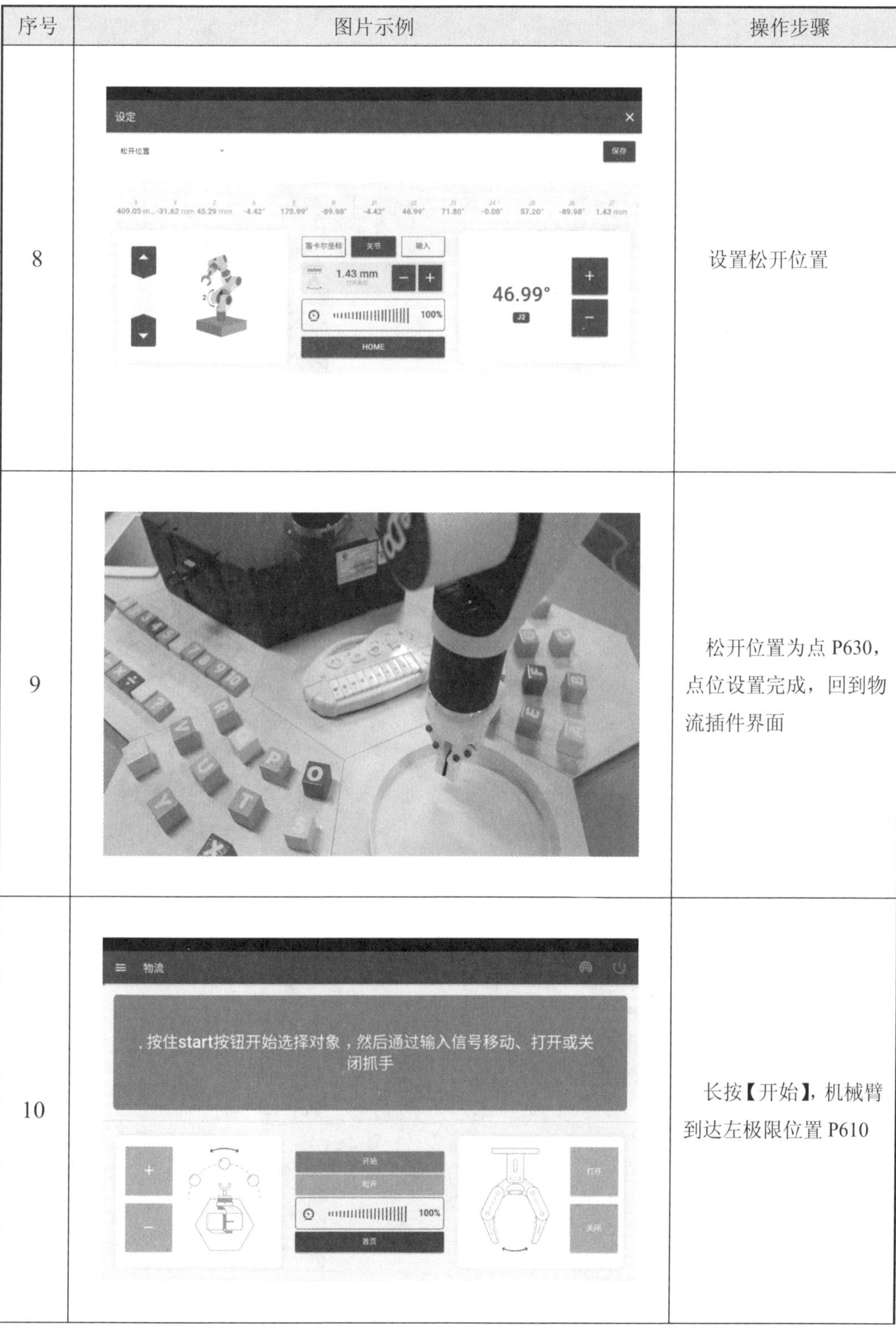

序号	图片示例	操作步骤
8		设置松开位置
9		松开位置为点 P630，点位设置完成，回到物流插件界面
10		长按【开始】，机械臂到达左极限位置 P610

续表 9.4

序号	图片示例	操作步骤
11	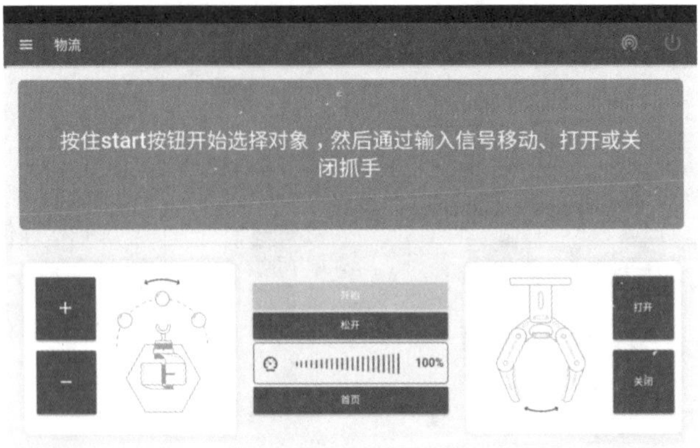	点击【+】/【-】到达 P620 位置，夹取字母块“J”
12		夹取字母块“J”
13	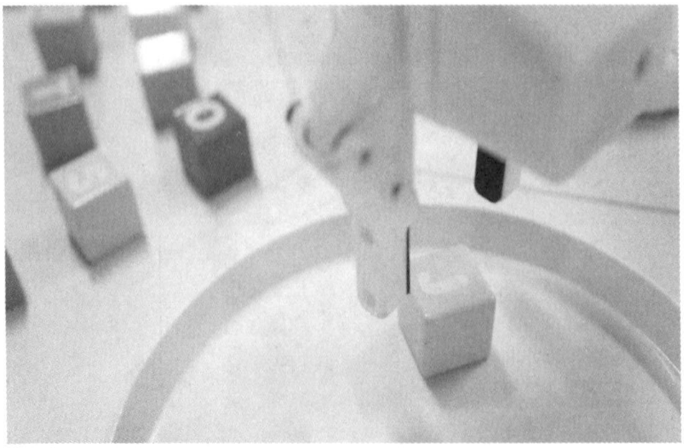	操控机械臂到 P630 位置，放下字母块“J”

续表 9.4

序号	图片示例	操作步骤
14	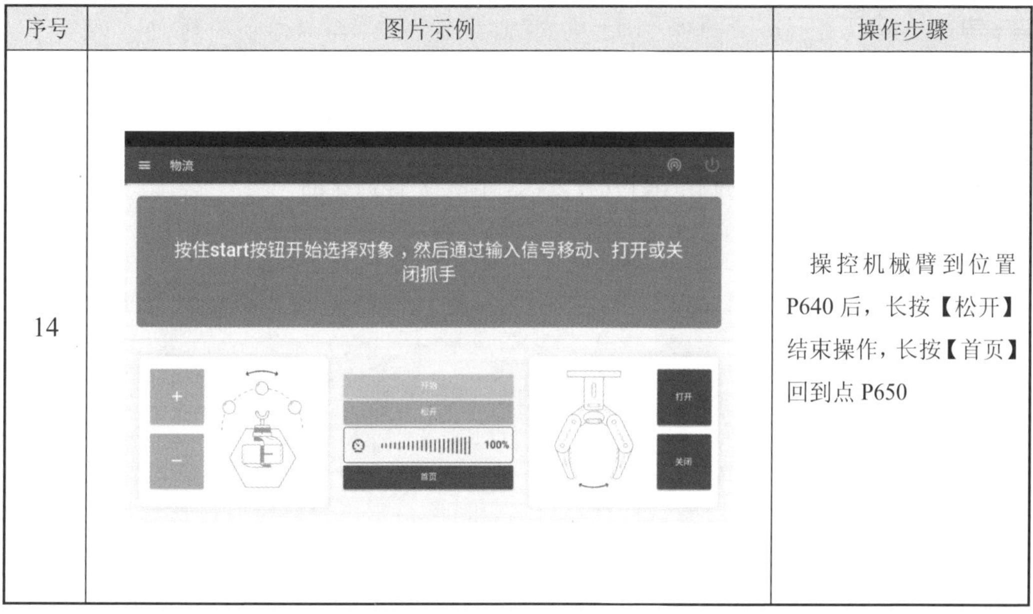	操控机械臂到位置 P640 后，长按【松开】结束操作，长按【首页】回到点 P650

物流插件实例的机械臂运动轨迹如图 9.7 所示。

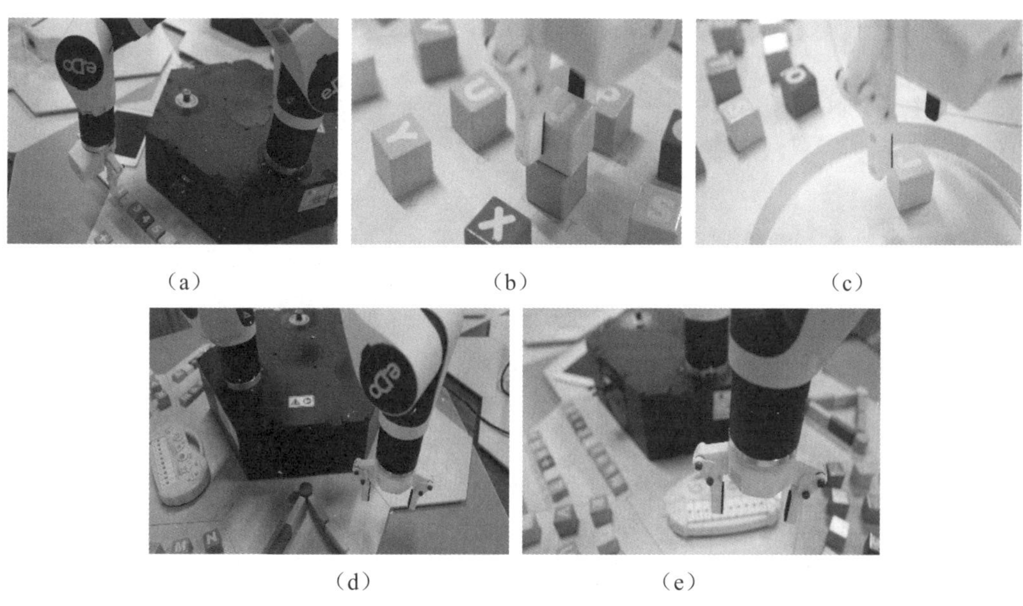

(a)　(b)　(c)

(d)　(e)

图 9.7　物流插件实例的机械臂运动轨迹

思考题

1. 货物插件的点位如何设置？
2. 如何修改货物插件已经设定完成的点位？
3. 设定选择插件的运行顺序有几种方法？都是怎样操作的？
4. 怎样操作物流插件？

参考文献

[1] 张明文. 工业机器人基础与应用[M]. 北京：机械工业出版社，2018.

[2] 张明文. 工业机器人技术基础及应用[M]. 哈尔滨：哈尔滨工业大学出版社，2017.

[3] 邱庆. 工业机器人拆装与调试[M]. 武汉：华中科技大学出版社，2016.

[4] 吴九澎. 机器人应用手册[M]. 北京：机械工业出版社，2014.

[5] 董春利. 机器人应用技术[M]. 北京：机械工业出版社，2014.

[6] KURZWEIL R. 深度学习：智能时代的核心驱动力量[M]. 浙江：浙江人民出版社，2016.

[7] BODEN M A. AI：人工智能的本质与未来[M]. 北京：中国人民大学出版社，2017.

观看教学视频

步骤一

登录“技皆知网”

www.jijiezhi.com

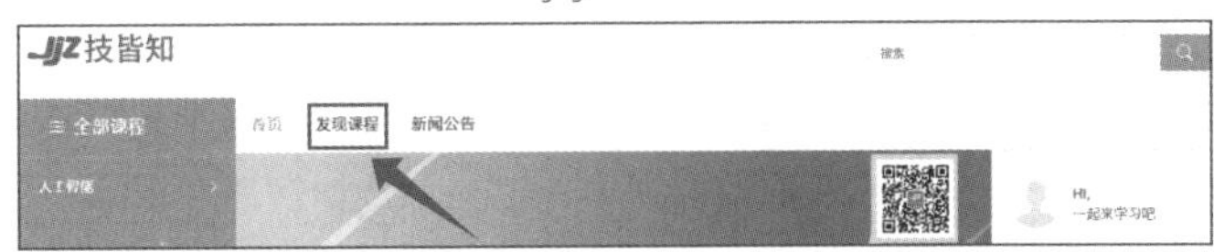

步骤二

搜索教程对应课程

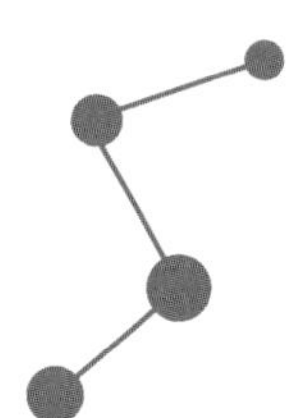

咨询与反馈

尊敬的读者：

感谢您选用我们的教程！

本书有丰富的配套教学资源，凡使用本书作为教程的教师可咨询有关实训装备事宜。在使用过程中，如有任何疑问或建议，可通过电子邮箱（market@jijiezhi.com）或扫描右侧二维码，提交咨询信息。

（书籍购买及反馈表）

加入产教融合

《应用型人才终身学习计划》

—— 越来越多的企业加入

JJZ 技皆知

EduBot 哈工海渡教育集团

FESTO

BOZHON 博众

…

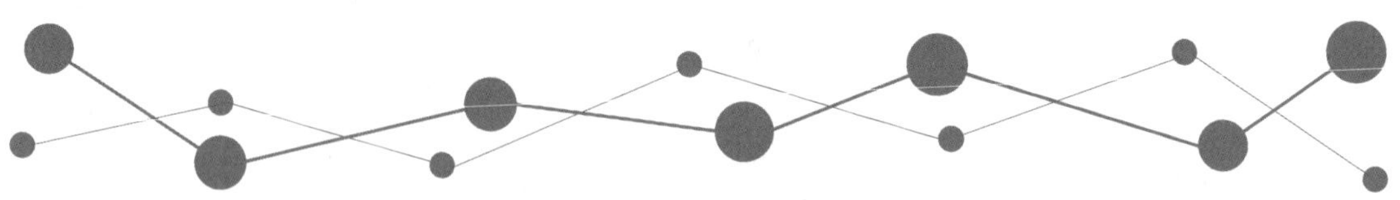

—— 越来越多的工程师加入

收获：

- 获得主编席位
- 收获广大读者
- 成为产教融合专家
- 成为行业高技能人才

加入产教融合《应用型人才终身学习计划》

网上购书：www.jijiezhi.com